U0176160

人类计算简史

从中国算盘到数字经济

何宝宏◎主编
王蕴韬　孙封蕾◎编著

中共中央党校出版社

图书在版编目（CIP）数据

人类计算简史：从中国算盘到数字经济 / 何宝宏主编；王蕴韬，孙封蕾编著．--北京：中共中央党校出版社，2022.3

ISBN 978-7-5035-7264-7

Ⅰ.①人… Ⅱ.①何… ②王… ③孙… Ⅲ.①电子计算机-技术史 Ⅳ.①TP3-09

中国版本图书馆 CIP 数据核字（2022）第 024795 号

人类计算简史——从中国算盘到数字经济

策划统筹 任丽娜
责任编辑 任丽娜　桑月月
责任印制 陈梦楠
责任校对 王　微
出版发行 中共中央党校出版社
地　　址 北京市海淀区长春桥路 6 号
电　　话 （010）68922815（总编室）　（010）68922233（发行部）
传　　真 （010）68922814
经　　销 全国新华书店
印　　刷 中煤（北京）印务有限公司
开　　本 710 毫米×1000 毫米　1/16
字　　数 212 千字
印　　张 17.25
版　　次 2022 年 3 月第 1 版　2022 年 3 月第 1 次印刷
定　　价 62.00 元

微 信 ID： 中共中央党校出版社　**邮　箱：** zydxcbs2018@163.com

序

人类在远古时期就已发现，一些动物的记忆能力超越了人类。比如，黑猩猩在记忆速度方面、大象在记忆容量方面、海豹在记忆持久性方面等都可以完胜人类。但直到现在，科学研究和实验都还无法确认，人类以外的动物是否真正具有“计算”的能力（在一些马戏表演中，一些动物“会算数”更像是重复记忆或对人类表情观察的结果）。

近1万年来，随着人类社会逐步迈入文明时代，大脑需要面对的复杂性问题直线上升，但从生物意义上，大脑记忆和计算的能力几乎没有变化，还停留在几百万年前非洲大草原时代。因此，记性好一直是一个人智力水平的直接体现，各种比试和测验都包括了对记忆力的考察。因为记忆的稀缺性，导致能被别人记住就是自己重要性的标志。

能够博闻强记的人毕竟是非常稀少的，因此人类逐步转向大脑外部，利用和发明一些存储介质和工具来协助大脑的记忆，这也是人与动物重要区别的体现：会使用（记忆）工具。在人类数千年的文明史中，以文字的发明为核心，人类已经找到和发明了诸多行之有效的协助大脑记忆的技术、方法和工具，如龟壳、竹简和纸张等的存储介质，书本、杂志和图书馆等的组织形式，印刷机、出版社和书商等大规模生产和传播方式，当然还有数字时代的磁带、硬盘、光盘和U盘等。辅助记忆的技术是如此之重要，以至于文字的发明成了人类是否进入文明时代的三大标志之一（另外两个分别是金属工具的出现和国家的形成）。

可以说，在借助外部力量辅助大脑记忆方面，人类社会很早就取得了长足的进步，到现在还在不断快速进步中。但另一方面，虽然存储信息不再是核心问题了，但在借助外力做辅助大脑计算方面的进展，直到近100年来，才在“计算”的理论、技术和工具等方面取得了一系列的重要进展。原因可能，一是辅助计算要基于外部记忆技术的进步，二是计算信息比记录信息的复杂度至少高出一个数量级。从图灵的计算理论到冯·诺依曼的计算机体系结构，从模拟数据、数字数据到大数据，从真空管、晶体管、CPU到GPU，从硬件到软件，从计算的机器到机器的智能，从单机到互联网，这些进步几乎都是发生在最近100年甚至60年里。

信息除了需要本地化的“记忆”和“计算”，需要短距离和少量的“人传人”，也需要远距离或大量的传递，这也就必须借助外部通信技术了。从千年前的烽火台、驿站到现代邮政，从电报、电话、广播电视到互联网，人类社会的“千里眼”和“顺风耳”技术也一直在快速发展中。但在进入21世纪前，各类信息的传递几乎都是专用网络：文字的传递靠电报网，话音的交流靠电话网，广播电视的传播靠广电网，数据的收发靠计算机网络。直到互联网，世界才真正拥有了一张“通用”技术的网络：能够同时承载数据、话音和视频的融合网络。

20世纪90年代，在个人计算机和互联网的发展初期，业界就已经提出了“网络就是计算机”的口号，把网络比作计算机，让整个互联网就像一台计算机那样能够高效运转。但直到大约30年后，等有了强大而通用的通信网络的支撑，才把存储和计算从本地化的产品升级为了网络化的服务。把存储和计算通过网络服务化，商业模式不再是售卖产品而是售卖服务，这就是云计算（为简单些，云存储通常会被纳入云计算中）。

云计算核心的改变是计算方式。现在，云计算已经获得了巨大成功，计算服务化已深入人心，业界的关注焦点也就从计算服务方式的转变，转向计算服务能力的提升了，即所谓的“算力”了。算力是从计算能力的角度出发，衡量服务商或用户所能提供或获得的计算资源的数量和质量。云计算强调的是计算方式的服务化，算力强调的是计算服务的数量和质量。

文明形成的核心标志之一是文字，用文字保存和传承文明的基本功能，还基本停留在人脑记忆的外部延展上。到了数字社会，文字、图片和音视频等都是数字化的数据形式了，数字文明形成的核心标志之一有可能会是算力，因为保存各种类型的海量数据早已不是难题，难的是处理数据的能力。

从文字到数据，从记忆的延展到计算的延展，算力是数字时代的核心竞争力。掌握算力知识，就像文明初开要掌握文字的读写，工业革命初期要掌握蒸汽机技术，电力时代要理解电力网络，互联网时代要会熟练使用各种App服务一样。

历史是一面镜子，学习算力基本知识，把握算力发展趋势，从了解计算简史开始。

何宝宏

前　言

计算的一小步，人类文明进步的一大步。

中国数字经济发展已经进入快车道，科技创新和数字化变革正催生新的发展动能。数据成为数字经济的核心生产要素，而数据加工消耗的核心资源是算力。计算产生智能。

怎么理解计算的创新赋能呢？我们从一个老套的故事开始讲起。

1913年，福特流水线诞生了，这条流水线使汽车的组装效率实现了指数级提升，组装时间由原来的748分钟缩短至90分钟，生产效率提高了8倍。关于福特生产线产生的意义，已经有很多解读，这里笔者换个角度解读，福特流水线就是生产线在电气时代由蒸汽机驱动到电气化驱动成功转型的代表。

随着科技的发展，动力从蒸汽时代过渡到电力时代，相比蒸汽，电力更加稳定、可靠和传输距离更远，扩展了动力的应用场景，使以前用蒸汽机无法实现的对机床的精细化操控成为可能。电网的普及让电具有了泛在性，工业生产线不再受距离的制约，电力可以无限地延展到制造车间的每一个角落。

这些都让福特创造出电气化的流水线成为可能，并率先在汽车制造业转型成功。电作为当时的新技术，和各行各业相结合，使各行业普遍得到了升级，围绕电而产生的各种新电器层出不穷。

这些电器就是电网的一个个应用，但主要集中在电力消费层面，类似今天的消费互联网和 App。福特流水线把电气化延展到了汽车生产环节，是在工厂内的更深层次的电气化转型，类似今天的产业互联网，是工业制造业的数字化转型。

电的普及，让福特重新调整了工厂的组织架构，流程再造，生产环节再设计，这已经不是简单的升级改造，而是让汽车行业转型升级到了电气时代。福特流水线在汽车制造行业的成功，开启了整个工业制造业的电气化转型新时代。

现在，我们正站在数字经济的大门口，需要让传统行业具有数字经济的内核，让数字的新鲜血液流淌至社会、经济的每一个角落，让数字经济成为新的经济增长范式。

当年给福特插上了“转型翅膀”的电力，在今天是什么呢？笔者可以毫不犹豫地告诉你，是由计算凝结而来的算力。

算力，就是通过计算从数据中获取智慧的力量，又以智慧赋能万物。计算机的出现在一定程度上是对脑力的解放，而由计算所带来的智慧，将变成一种前所未有的赋能力量。

赋能，意味着算力可以汇集行业智慧，用更细微的颗粒度，渗透传递到百行千业的细枝末节，为其带来变革之力；普世，意味着算力将成为一种质量稳定、性能可靠、随手可得、自由获取且人人都能用得起、用得上的公共基础设施。一种全新的公共资源即将因算力而生。

计算机，正是这个算力公共基础设施的形态。这个伟大的计算机器在人类的浩荡文明中被抽象出来只有短短的几十年，还是一个很年轻的学科，却以指数级的速度发展成为今天数字经济的新引擎。在这个过程中，计算机的每一步是怎样走过的，经历了怎样的过程，是本书要详细讲述的内容，旨在让每个计算机行业之内的人重温计算机的行业之光，让计算机行业之外的人知晓计算机的行业之意。

把握数字经济的关键，从认识计算、理解算力的赋能之力开始。

看清计算技术发展的关键点及突破点，洞悉计算技术发展脉络，就能做到“以史为鉴，开创未来”。

目　　录

第一章

不用电的计算

计算的源头，确切地说，是记的源头

人类关于记录的智慧，来自人最早的一个需求——温饱。采集和狩猎，是人填饱肚子的最原始的手段，这个过程大约持续了 250 万年。在这 250 万年里，人类开始下意识地记录狩猎的战利品有多少，吃了多少，还剩下多少。在饥饿威胁下的人，记录这些内容以便于知道食物能够吃多久，这是人对于“计”最懵懂的意识。

人脑的记事功能大概就是这样被挖掘出来的。

关于人和动物的区别，有很多种说法。有人说，人会使用和制造工具，可黑猩猩也会把树枝做成钓蚂蚁的工具；有人说，人有社交能力，但蚂蚁也是群居动物，有蚁王，它们也有社交；有人说，人有语言，但有的动物也有声音、肢体语言。动物没有的是——未来，确切地说，动物的记忆都很短，没有记忆留存的它们，因为记不住过往，就无法靠记忆来预判未来，所以它们的世界就只有眼前。

人的记忆并没有好太多，但人与动物的不同，在于人会思考，人的记录几乎是一种本能，并对记录下来的事物进行分析和理解，来预测接下来可能会发生的事情。人要掌握现在，还想预测未来，记录就是为此产生的。

有了语言之后，计数就已经是人类的日常了。在刚果附近出土的“伊尚戈骨”证明了人在公元前 8500 年就开始画线计数。结绳记事更是代表了古人可爱又简单的想法，系一个大结，就代表发生了一件大事，系一个小结，就代表发生了一件小事，所幸古代人的生活还比较简单，结绳记事可以应对。

随着社会发展，人的生活中有了越来越多的事情要记，记忆过载，总是容易忘事，有了记录，才好帮助人脑回忆起之前发生了什么，要总结哪些经验教训，要如何规划接下来的日子，就像我们现在需要用手机记行程，要给工作、学习定计划一样，古代的人也有类似的需求。例如，种庄稼要知道什么时候播种，算算粮食什么时候能有收成，够不够吃。随着需要记录、计算的内容越来越多，文字、数字应运而生，有记录信息的人类历史，成为先进社会与原始社会的分水岭。

古人眼里的大数

美索不达米亚人可以称得上是人类文明的鼻祖了，但现在看来他们过于界限分明了，如他们一定要牛和牛相加，羊和羊相加，牛和羊不能混加在一起。他们甚至为了表示有 59 只羊，而创造了 59 种符号。他们为什么要这样呢？因为楔形文字只能算是计数符号，虽然可以记录数了，但实现计算就不容易了。

在古人眼里，数大了是很可怕的。乔治·伽莫夫在《从一到无穷大》的开头写了这样一个故事：两位匈牙利贵族决定玩一个游戏，比一比谁说出的数字最大，一位贵族经过几分钟的冥思苦想，终于说出了他能想到的最大的数字“3”，另外一位贵族伤透脑筋，想了一刻钟，宣布放弃。

也许你现在心里会默默鄙视这两位贵族，还不如小孩子，他们也太“傻”了。可现实是，“3”就是那时候的大数。

从中国的成语中，也同样可以看出中国古代人心中关于大数的变迁。

春秋时期，古籍都是由竹简制成，用绳子串起来的。孔子经常读《易》，以至于把竹简的绳子都弄断很多次，所以，有了成语“韦编三绝”，“三绝”就是多次断绝。《论语》里有句名言：“三人行，必有我师。”可见，“三”也是中国古时候的大数，后来才成了“九”表示大数，有了“九五之尊”“一言九鼎”等成语。

算术这个难题困扰了人们很多年，随着文字的出现，也相应出现了表示数字的数码，但并不便于算术。比如，中国人计数喜欢画“正”，一个“正”正好是5笔；英语语系的国家喜欢用“四竖一横”来记作“5”，计数的时候，再对这些5进行计算。虽然简单了许多，但如果要算的数字太大，仍不是个易事，直到阿拉伯数字出现。

第一节　最早的计算从计数开始

公元前3000年，美索不达米亚人就开始了记账：他们把土地划分成一小块一小块的份地，分配给农人，连同耕地一起分配的，还有跟农耕配套的种子、农具、耕畜。

拥有土地的国王、祭司这等上等人，作为统治阶级，要记录下他们是如何分配的土地和工具，日后好以此为依据收取地租。他们不仅仅拥有土地，其他的生产资料也掌握在他们手中，他们会依据土地的分配来分配种子，需要畜牧的牲口也会按需给饲料，把这些都记录下来不是件容易的事。

在美索不达米亚乌鲁克文化遗址诞生了人类最早的文字——楔形文

字，这是最早的数据。

美索不达米亚人用不同的图形表示牛、羊、谷物等，数牛和数羊的符号也不一样，牛和羊的数量不能混加在一起，5 头牛就是 5 头牛的符号，再有 7 头牛，就画 7 头牛的符号。这些计数符号就是楔形文字很重要的一部分。

从结绳记事到用符号记录牛羊，古人在计数上为什么有了长足的进步？因为人开始有私有财产了，不仅要记录自己有多少粮食，还要清点财产，避免因为财产发生纠纷，这就是楔形文字出现的初衷，计数是私有财产统计需求之下的产物。

生产资料中最重要的要素——土地，对数学的贡献更为卓越，丈量土地、测量土地的长度，使得几何也成了古时候的一门学问。《万物皆数》里称几何学在“田间地头”赢得了声望。

公元前 3000 年的人，会记录、会算术、会测量就是掌握了一门大学问，掌握这些知识的书吏们，成了当时最有学问的人，他们从事着令人羡慕的工作。

数据的雏形：阿拉伯数字

懂点数学知识的古代人在很长一段时间都是社会中的佼佼者，美索不达米亚的书吏、古希腊的皇家测量员，还有中国古代掌握《九章算术》的官吏等，会算术、懂几何，都是社会的高层人士，柏拉图学园门口“不懂几何者不得入内”的牌子就是一道清晰的阶层分界线。

农耕时代，大多数人从事的工作是种地，记录一下种子多少、牲畜多少，掌握四季更替，总结种植经验，算算来年能有多少收成，没有大规模计算的需求。这时计算虽然难，但需要计算的场景不多，也算够用。

随着农耕文明的演进，农产品种类逐渐增多，商品交换的需求越来越旺盛，人类有了丰富的可交换物，人的足迹开始走出自己的家园，有了贸易，计算就变得复杂了。

让计算变简单的人，不是数学家，不是农场主，而是商人。

公元700年前后，阿拉伯人征服了印度旁遮普地区，他们惊诧地发现，印度的计数方法和算术方法非常先进。这套计算方法是古印度科学家巴格达在公元3世纪发明的，已经用了几百年。阿拉伯人很爱学习，他们的学习方法很"简单"——把印度的数学家抓到巴格达，让他们教授阿拉伯人。简单易学的计数和算术方法很快被阿拉伯学者吸收掌握，阿拉伯商人直呼好用，有了阿拉伯数字，做生意算账变得容易许多。

随着欧亚大陆的往来日益密切，12世纪时，阿拉伯人把阿拉伯数字带到了欧洲，欧洲的数学家又对其进行了现代化改造，才有了今天的"阿拉伯数字"。

阿拉伯数字真正在欧洲普及则是在14世纪，恰逢印刷技术在欧洲兴起。那时候还叫"计算师傅"的数学家开始撰写算术方面的书籍，数学家路萨·帕西奥利出版了一本为普通读者和商人所写的数学教材《算本集成》，这是最早印刷的数学书籍之一，而且以当时最为流行的拉丁语出版。这是第一本全书都使用阿拉伯数字的数学书籍，对算术和复式记账法作了详尽论述，成为盛行一时的数学教科书。

阿拉伯数字的出现是个"大事情"。在《万物皆数》的作者米卡埃尔·洛奈眼中，阿拉伯数字出现之后，数字开始独立存在，数字从现实中被抽离出来，人们能够从更高层次观察数学，数字有了抽象性。如果必须要为数学的诞生选定一个出生日期的话，就是这一刻。

我们今天可以在任何国家轻松看懂数字的意义，都要感谢阿拉伯数字，它让算术不仅只是“计”而且可以“算”了，并且能“算”很大的数了，让算术成为普通人可以学习的知识，让后来的数学成为具有世界意义的学科。

这是阿拉伯数字之于数学的意义，从今天的计算机界来看，阿拉伯数字改善了算术，有了数据的雏形，有了今天数据所含有的意义。

维克托·迈尔-舍恩伯格在《大数据时代》中肯定了算术赋予的数据新的意义，即不但可以被记录，还可以被分析和再利用。

真正意义的数据有了，计算就有了计算的对象，计和算真正合二为一，“记”主要是为“算”服务的。如今，数据已经成为当下的生产要素，不仅仅数字是数据，符号、文字、语音、图像、视频等都是今天的数据。

第二节　计算没有离开大脑

人从记数到算术经过了很多年，这些年，人都在摸索，怎么能快速计算，以至于计算一直都是一项专业的工作，需要经过训练，由掌握专业能力的人来完成，所以会计算的人所从事的工作，逐渐成为一种职业，英文“computer”本义就是专门从事计算工作（compute）的人。

在电子计算机出现之前，所谓计算的历史演进，只能算是让这门职业的准入门槛降低了。

为什么？发明能帮助记忆的工具可能不难，如可以记录的泥板、可以写字的纸张，但是发明能够计算的工具实在太难了，甚至经常落后于人类文明进步的速度。

天然计算工具：手

人出生就自带计算工具。

可能你已经猜到了，人从娘胎里带来了十个手指。

从一数到十，手指既是计数工具，也是算术工具。由此带来了最浑然天成的十进制，也是算术界最优越的进制方法。

利用十进制特别容易理解“进位”的意义，而且一双手，两双手，三双手……随着用手的数量不断增加，便有了简单的乘法的意味。当然，还有把手指和脚趾都加起来的，比如，玛雅文明里有二十进制，也是可以理解的。

还有很多的进制是非常复杂的，在时间的进制上就可以体现出来。一年是365天，一个月是30天，一天是24个小时，一个小时是60分钟。这些都跟古代人喜欢研究天文、昼夜交替以及天气并以此摸索农业种植规律有关。

同样，在计量单位上，十六进制在西方和东方都出现过，中国古代一斤是16两，英制一磅是16盎司。

但是，这些都不及十进制优越。随着人的认知境界扩大，时间的进制又回归到十进制，1000毫秒是1秒，100年是一个世纪。可以说，时间的历史过于久远，以至于时间是一个典型的“混合进制”。

算盘其实是在“存储”

每个人只有一双手，手不够用的时候，人自然想到了借助工具来帮助自己。前面讲到的“伊尚戈骨”，上面的刻痕其实也是一种帮助算术的工具，在计数的过程中，记录下已经有了几个。美索不达米亚的黏土筹码、中国古代的算筹、欧洲的计数板都是不同时期、不同地区帮助算术的工具。

从全球范围出现的算术工具来看，中国的算筹已经代表了当时世界的先进水平，不过，也不容易算。讲一个小故事，大家来感受一下算筹有多艰辛。

筹是一根根的小棍子，可以是由竹子、木头、铁或玉制成的。算的数字的位数越多，需要摆放的面积就越大，如果没能及时记下结果，可能就会前功尽弃。但如果中途因为摆不开，用已得结果继续计算，又无法得到直观的图形和算式，稍有差错，就要从头开始。相传，南北朝数学家祖冲之父子在家算筹，突然来了一阵狂风，地上的筹被吹散，爷俩算了半天的结果被风刮乱，辛辛苦苦算得的结果功亏一篑。

到了宋朝，算盘出现了。从那以后，算盘可谓深入人心，被誉为中国的第五大发明，堪称古代计算神器，以至于 20 世纪八九十年代还能处处见到算盘的影子。但算盘其实本身并没有在“算”，它的功能并没有体现在“算”上，技术上可以算作可反复擦写的计算用的存储工具！

为什么这样说？不管是掰手指数数，还是用算盘算术，计算的界面其实始终都没有走出人脑，确切地说，加减运算的过程，“算法”都是在人脑中运行的。人脑的记忆存储空间是有限的，一边算，一边记录算术的结果，便容易出错，可能是因为走神算错，也可能是开小差记错了上一步的计算结果。

算盘推上去、拨下来的过程，正是代替人脑记录计算结果的过程，算珠一上一下，口诀不断变化，其实就是记录不断擦写、不断存储每一步的计算结果。

这是个完美的可擦写的计算辅助记忆工具，但计算的算法仍然停留在人脑里，不是计算器应有的样子。

最早的“计算器”：记里鼓车

计算器应该是输入数字，自动给出结果，不需要有口诀，更不需要人脑给出进位的指令，计算的过程、计算的界面应该都不是在人脑中发生的。

那么，最早的计算器是什么？或许是记里鼓车。

很多博物馆里都有记里鼓车，中国古代关于记里鼓车的记载最早见于汉代的《西京杂记》，北宋时改进了记里鼓车的制造方法。《宋史舆服志》记载：“凡用驾牛大小轮八，合二百八十五齿，递相钩锁，犬牙相制，周而复始。”也就是说，车每行一里路，敲鼓一下，车每行十里，敲打铃铛一次。

车每走一里，每走十里，车上都会有敲鼓、敲打铃铛的自动反馈，符合现代计算中的递归原理，有了自动计算的味道，更像现代意义的“计算器”。但是，记里鼓车只能用于特定场景，不适用于其他计算数据，尚不能作为辅助计算的工具。

由此看来，能称得上是计算工具的，最起码要具备的特征有：数字输入之后，不需要口诀，不需要手动进位，无须人脑来完成计算功能，计算的算法脱离人脑，自动获得计算结果。

最早的机械计算机

16 世纪，文艺复兴之后的欧洲，生产力快速发展，科技进步，商业迎来前所未有的发展，越来越多的数据需要计算、处理和分析。作为当时全球创新中心的欧洲，对于制造出这样一种可以代替人脑计算的工具，表现出了迫切性。仅是在 17 世纪，欧洲涌现出的计算工具就层出不穷。

1614 年，苏格兰数学家约翰·纳皮尔，也就是对数的发明者，发明了纳皮尔筹，把复杂的乘法运算转化为简单的加法运算，有点像把九九乘法表提前做好，计算的时候再进行排列组合。不久，1623 年，德国数学家席卡德为了帮助天文学家开普勒解决大量计算的烦恼，设计和制造出了一台机械计算机，集合了纳皮尔筹的乘法计算区、齿轮转动的加减法计算区，以及计算结果呈现区。加减法的自动化进位，在这台机器上得以实现。遗憾的是，这台计算器没有保存到今天，它在历史上的地位也因此存在争议，“机械计算机第一发明人”的称号也跟席卡德错失。直到 20 世纪 50 年代，人们在研究开普勒的时候，发现了席卡德和开普勒的书信，才开始了对席卡德计算机展开研究。

保留至今，能够用事实说话的计算机有两个。

一个是由发明了水银气压计的法国物理学家、数学家帕斯卡，就是国际单位制中表示压强的基本单位的帕斯卡本人发明。1642 年，帕斯卡为了帮助担任收税员的父亲计算财税，做出了一个用齿轮运作的加法器，得到了法国国王的特许状，规定在法国内不得再研制类似的机器，该加法器成了第一台受到专利保护的机器。

另一个是由发明了微积分的德国数学家、哲学家莱布尼茨创造。1673 年，莱布尼茨发明了“莱布尼茨轮”，仍然是用齿轮及刻度盘操作，实现了乘除运算，使计算不再依赖于纳皮尔筹那样的查字典式方法，又向前迈进了一步。莱布尼茨还受到中国八卦和六十四卦的启发，发明了二进制。

不过，那时候的计算工具都属于手工制品，生产能力有限，批量化生产无法实现，所以，这些机器的数量也是屈指可数。

这些计算工具更像是历史上的过客，甚至，在帕斯卡和莱布尼茨的成就中，发明、制造计算机都仅仅是一小部分，其他的光芒都盖过了这些。

图 1—1 直观地展示了从计算、算盘、计算器到计算机的计算工具的进化过程。

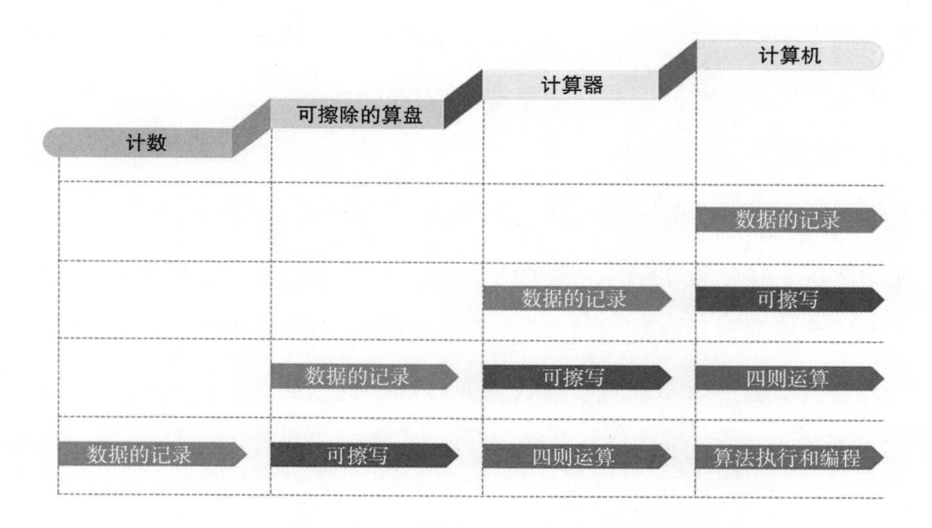

图 1—1　计数→可擦除的算盘→计算器→计算机的进化

第三节　穿越时空的计算机

19 世纪是个熠熠生辉的世纪，蒸汽机的发明解放了人力和畜力，工业文明让人类有了前所未有的自信。随着生产效率的极大提高，大规模的商业活动不断增加，贸易急剧加速，物理学、化学、数学蓬勃发展，需要计算的任务众多，且这些计算已经不仅仅是四则运算了，还有对数、微积分等的复杂运算，而这时的计算水平还仍然处在人脑计算阶段，根本无法匹配工业文明的脚步。

此时，人类已经开始了全面的机械化思维，这在当时是非常先进的创新力。蒸汽机、蒸汽船、火车、打字机等成功问世，机械制造工艺也进步了一大截。计算的机器终于可以批量生产了。

1820 年，第一个成功商业化的四则运算器 Arithmometer 问世，这是由法国发明家、企业家查尔斯·泽维尔·托马斯根据莱布尼茨的计算机原理发明的，相对小巧、价格适中、可量产的四则计算机 Arithmometer 成为风靡一时的产品，在商业上取得了成功，托马斯成为机械式计算器取得商业化成功的第一人，这个机器带动了整个机械计算器产业的发展。托马斯本人也成为成功的企业家，不但让 Arithmometer 计算机成功变现，还创办了两家保险公司。

这台机器虽然在商业上取得了巨大成功，但其功能还是非常有限的，它还不能进行多项式计算、解方程。那这些更为复杂的运算该如何才能自动地计算出来呢？

自动计算的计算机

我们先来看看，那个时候人们是如何解决大规模、复杂计算的。

18 世纪的欧洲，从事计算工作的人，已经不再是有土地测量权、收取地租的官僚，数学知识得到了很大的普及，从事计算工作的是一批有数学知识的工人，也就是那个时代的“白领”。

法国机械师加斯帕德·德普罗尼借鉴英国经济学家亚当·斯密《国富论》中关于分工的思路，创造了一条计算流水线。

他在制作对数表和三角函数表的时候，先由 5～6 人的高级数学家设计公式；再由大约 10 人团队的中级数学家确定数值的分布和间隔；

而最基础、最简单的计算工作，交给数量众多的计算员（computer）。

由人完成的分解动作，是不是也可以变成机器流程？这是一种与原来的机械计算机完全不同的思路，这个思路来自一位出生于富裕的英国银行家家庭的发明家、数学家查尔斯·巴贝奇。

巴贝奇是英国剑桥大学三一学院的“卢卡斯教授”，卢卡斯教授席位是剑桥大学的荣誉职位，是当时全世界学术界最为荣耀的教职。担任过“卢卡斯教授”这个职位的人有著名的牛顿、狄拉克、霍金等，可见，巴贝奇也是一位声名远扬的人物，他在保险精算行业和机械制造领域都作出过巨大贡献。

受流水线计算工人的思路启发，巴贝奇把人和机器的角色融合在一起，由机器完成底层计算，而机器之上的计算设计和机器初始化的过程由人来控制。他借鉴了帕斯卡提出的“差分思想”，把复杂的数学运算分解成多个步骤，也就是把乘法转换成加减法，这样就变成了“有限差分”。按照这个计算的过程和思路，巴贝奇构思了一个由机械逻辑来代替人完成计算的分工，并将其命名为“差分机”。

借鉴帕斯卡计算器的原理，巴贝奇又进行了一些齿轮和转轴处理的优化，按照巴贝奇的设计，这个机器可以做多项式计算，还可以求解方程，他甚至想出了制作质数表的方法。英国政府被这个设计打动了，从1823年起，英国政府在10年时间里陆续投资了超过17000英镑，相当于两艘战舰的造价。巴贝奇也为实现自己的理想自费13000英镑，把自己搞得穷困潦倒，但仅完成了整体设计的1/7。

后来巴贝奇又重新设计了差分机2号，零部件数量只有差分机1号的1/3，但其理论上比差分机1号更为强大。

令人遗憾的是，理论终究还是理论，差分机最终没能制造出来，这个庞大的需要蒸汽机驱动的机器，制造工艺过于复杂，当时的能力难以企及。另外，巴贝奇“开小差”了，他把心思放到了另一个更宏大的计划上。

这个时候出现了一个让纺织行业从“自行车时代”快速步入“汽车时代”的产品——雅卡尔纺织机。纺织机纺织时有纵横交叉的经线和纬线，在提花的时候会用针钩提起特定的经线，横杆向前，推动经线下面的纬线，这样来变换纺织出花形。遇到复杂的图案，纺织工人就需要根据要织出的花样，一点一点地提花，效率很低。雅卡尔纺织机的高明之处在于约瑟夫-玛丽·雅卡尔想到了一种用打孔卡片来控制流程的方法，用卡片上的孔的变换，来实现编织的不同路径，用机器的自动提花得到复杂图形，大大提高了纺织效率。为此，雅卡尔得到了法国皇帝拿破仑的嘉奖。

打孔卡片体现出了最早的输入指令的想法。巴贝奇由此想出了通用型计算机器的概念，命名为分析机，他理想中的分析机可以根据预设的指令完成各种不同的运算。1836 年 6 月 30 日，巴贝奇在自己的记事本上写下了一句话：“建议使用雅卡尔纺织机替代鼓轮。”这句话，后来被认为是计算机历史开始阶段的里程碑。

鼓轮是上一代人在发明、制造计算机时惯用的方法，巴贝奇放弃了这一方法，雅卡尔纺织机用的打孔卡片采用的是和鼓轮完全不同的逻辑。

打孔卡片代表了一种新的人机互动方式，人对机器的控制可以通过打孔卡片来进行调整。打孔卡片的设计就是编写程序的过程，通过打孔卡片来把人的想法输入机器里，控制机器。

换句话说，卡片就相当于现在的计算机键盘，可以进行输入操作，而且可以根据计算结果的需要来调整输入内容，有了编程思想，还可以进行通用计算，而不仅仅是特定计算。

遗憾的是，巴贝奇这次的想法没有像上次那样引起英国政府的兴趣，英国政府没有乐意资助巴贝奇的意思，巴贝奇最终留下的也仅仅是分析机的草图以及一台原型机。那个时候巴贝奇的想法太超前了，很难被同时代的人所理解。

“第一位”程序员

巴贝奇四处碰壁，但知音总是有的，她就是埃达·洛夫莱斯。

埃达·洛夫莱斯是英国著名诗人拜伦勋爵的女儿，她继承了父亲的诗意，但因为父母早早离婚，母亲担心埃达太像父亲，对埃达进行了严谨的数学教育，想以此来抵消拜伦基因里所带给她的诗意想象，但事与愿违，埃达还是喜欢追求“诗意科学”。

埃达在一个伦敦社交舞会上认识了 41 岁的丧偶数学家巴贝奇。埃达被巴贝奇的科学思维所吸引，并十分关注巴贝奇当时正在极力推广的分析机。

分析机正是埃达心目中“诗意科学”的化身。埃达见到分析机之后，看到了其中的诗意，并且想把这种诗意传递给其他人，她成为巴贝奇的代言人。而代言的方式，是翻译并注解了一篇描述分析机的法语论文，这篇论文的作者是意大利军事工程师路易吉·梅纳布雷亚，他后来成为意大利的首相。

埃达在注解中首先强调了，分析机不仅仅可以完成特定任务，还可以利用打孔卡片控制纺织物上复杂图案的编织方式来变成一台通用型机器。这点得到了巴贝奇本人的首肯。埃达还在注解中用计算伯努利数的例子，描述了分析机的详细工作步骤，也就是给分析机作出了算法描述。为此，埃达被她的尊崇者尊称为“世界首位计算机程序员”。

其实，这个说法是站不住脚的，因为埃达的想法是建立在巴贝奇的设计之上的，巴贝奇已经从理论角度描述过这些操作顺序，所以，埃达的想法算不上是原创。但这并不影响埃达的想法是“前卫”的，在今天仍然不落伍。她大胆地想象：分析机不仅仅可以处理数字和数学，还可以存储、计算任何可以用符号表示的对象，可以是文学，也可以是逻辑，甚至是音乐。

说到这里，相信大家会给埃达一个会意的眼神，这正是今天我们所说的数字时代的范畴，数字、文字、音乐、图像等都是可以被机器处理和表达的，这是巴贝奇也没有想到的。

埃达甚至还谈到“机器能思考吗”这样的问题，她认为，“分析机不会主动创造任何东西，它可以遵循分析，但没有能力预见任何的分析关系和事实”。一个世纪以后，艾伦·图灵把埃达的整个想法称为“洛夫莱斯夫人的异议”。

红颜薄命，埃达于 1852 年逝世，那时她才 36 岁。她一直被人们奉为女性主义的代表和计算机先驱。美国国防部将其通用程序设计语言命名为 Ada（埃达），以纪念她。

1871 年，巴贝奇也抱憾而终。他们一生追求的分析机终究只能是那个时代的“乌托邦”。在 100 多年后的 1991 年，伦敦科学博物馆根据巴贝奇的文献——近 2100 张组装图和 50000 张零件图，仍然用巴贝奇同时代的加工制造水平，制造出了差分机 1 号；2002 年复原出差分机 2 号，证明了巴贝奇的想法是合理的。

巴贝奇和埃达想象中的用打孔卡片的方式来实现人机互动，是那个时代最先进的人机交互方式，这种交互方式用在计算上，仍然被验证为是可行的，这在 1890 年的美国变成了现实。

当时的美国，用了近 8 年时间才完成 1880 年的人口普查。美国人口普查局的一位职员赫尔曼·霍列瑞斯得知后非常震惊，他想让下一次的人口普查，也就是 1890 年的人口普查提高效率。

给他灵感的是火车检票员的检票方式。检票员为了防止有乘客逃票，会在车票的不同区域打孔来区分乘客，标记乘客的性别、身高、年龄、发色等特征。霍列瑞斯想到了用 12 行、24 列的打孔卡片来标记人口普查所需要标记的特征。标记好的打孔卡片被放入多个凹槽组成的网格中，由装有弹簧的探针在卡片打孔位置与下方凹槽里的水印形成闭合电路。卡片汇集到机器中，既可以统计原始数据的总和，还可以在统计的过程中记录下不同特征组合。

美国 1890 年的人口普查仅仅用了 1 年时间就完成了，这也是人类首次使用电路进行大规模信息处理。霍列瑞斯后来创办了制表机器公司（Tabulating Machine Company），经过一系列的并购重组后，形成了现在的 IBM 公司（International Business Machines Corporation）。

赫尔曼·霍列瑞斯虽然成功证明了利用打孔卡片思路造出的制表机可用且可靠，但仍然没有实现巴贝奇通用计算的想法。

很多人会为巴贝奇的才华所惋惜，是资金束缚了他，还是社会的不解羁绊了他？巴贝奇的想法是不是够先进并不重要，最重要的是，时代不需要。就算制造出这样的机器，当时的社会也没有巴贝奇的机器所需要的应用场景。他所处的那个年代，虽然科学也有了很大进步，贸易有了大发展，有了第一次工业革命，可蒸汽机时代配不上这样的计算工具。他穿越了百年。

第二章

电子计算机应运而生

璀璨的19世纪，前半世纪的主角是机器，六七十年代开始的后半个世纪，主角从机器变成了“电”，第二次工业革命来了。

人从开始发现电，到制造电，再到随心所欲地使用电，经历了漫长的过程，直到今天，“新型基础设施建设”中，特高压输电仍然在列。科技在进步，电却成为永恒。就像我们已经忘记计算机原本是叫“电子计算机”的，去掉了前面“电子”两个字却叫着如此顺口，只是因为我们已经习惯了电的存在。或许用不了10年，就会有年轻人感到困惑，难道商务还有不是电子的？购物不都是在网上吗？

第一节　科学用电

雷电，不管是在西方还是东方，一直都是令人惧怕的。在希腊神话、玛雅神话、罗马神话、非洲神话、美洲原住民神话、澳洲原住民神话、中国神话等中，不约而同地都有掌管雷电的“神”，体现出人对雷电这种自然力的畏惧之心。

随着现代科学对自然逐渐了解掌控，人类渐渐破除了对雷电的迷信。

1752年，美国政治家、科学家本杰明·富兰克林完成了著名的风筝实验。他在风筝顶上装上一根细铁丝，用丝线的一头连着风筝上的铁丝，另一头拴一把铜钥匙，钥匙插进一个莱顿瓶中，从而完成了对雷电的收集。这个实验充分证明了，雷电中的天电和地电是一回事。后来，富兰克林又发明了避雷针，避免建筑物遭受雷击。

那个时候，研究电还是非常危险的，需要有为科学献身的精神，富兰克林的莱顿瓶就让他被电击晕过。1753 年，俄国的物理学家里赫曼就不幸被雷电击中，当场身亡。

但这些并没有阻挡电磁学的进步，渐渐地，流电、静电的研究都开始发展起来，到了 19 世纪，电磁学理论迎来了大发展，出现了安培、欧姆、法拉第、麦克斯韦、赫兹等一大批推动电磁学发展的物理学家。电磁学理论的蓬勃发展为电力革命的工程技术专家带来了灵感，电力技术怎么能为人所用？电的未来还会怎样发展？这些命题直到今天还在继续。

自 19 世纪开始，围绕电的创新蜂拥而至。正如 21 世纪互联网上的创新层出不穷。

1834 年，德国物理学家雅可比制成了第一台实用的电动机。1850 年，美国发明家佩奇制造了一台电动机。1857 年，英国电学家惠斯通发明了自激式发电机。1866 年，德国发明家西门子制造了第一台真正能够工作的直流发电机。

相比带动第一次工业革命的蒸汽机，电动机械具有噪声小、无污染、机动性好的优点，电动机快速被应用到大大小小的工厂中，后来逐渐进入家庭，出现了制冰机、吸尘器等家用电器。

可电的第一个杀手锏级应用则是在通信上，那就是——电报。

安培做研究时就尝试过电报这一通信方式，而真正大面积商用电报的发明和应用是由美国人摩尔斯实现的。他发明了一套摩尔斯电码，用点和横两种符号组成，通过短信号、长信号、间隔来对应 26 个字母，极大地简化了电报系统。1844 年，他说服美国国会架设了从华盛顿到巴尔的摩的电报线路，美国各地掀起了建设电报线路的高潮，各国纷纷效仿，接着又有了跨国电报通信，电报成为全球通信的纽带。

电报本身让全球通信提高了效率，电报在其出现仅仅 4 年之后的 1848 年，就促使美国几家大报纸结成一个集团来采集新闻，这就是美联社诞生的基础，因为电报让人们意识到信息的时效性有多重要，倒逼新闻业前进了一大步。

电动机让电成为动力源，而电报给电赋予了信息传递的功能。当然，真正让电进入千家万户的还是电灯，它使电真正成为人类生活中不可或缺的伙伴，人类的作息时间因电灯而变化，日落也不怕了。电报和电灯同根同源，但通信和电力行业就此分道扬镳，直到现在才再次走向融合（如智能电网、数据中心供电等）。

技术总是持续进步和发展的，被历史定格的瞬间，就是那个最终通过市场洗礼检验过的胜利者，这一说法用在爱迪生身上最合适不过。

美国大发明家爱迪生发明电灯泡的故事，是 20 世纪年轻人最常听到的励志故事。其实，爱迪生并不是那个发明灯泡的人，他是那个发明了最好用、最被市场接受、商业化最成功的灯泡的人。

电灯泡对于爱迪生来说仅仅是他人生的一个起点，他的通用电气公司就像一个电的发明“工厂”，爱迪生名下拥有 1093 项美国专利，涵盖电表、电缆、发电机、电影等一系列跟电有关的产品，极大地推动了电力革命的发展，因此，爱迪生获得了商业上的成功。

1931 年，爱迪生与世长辞。为了纪念爱迪生，美国政府下令全国停电 1 分钟，让美国人用 1 分钟的时间重回煤油灯时代。

人类绝不可能再回到没有电灯的日子，人对电的需求也越来越挑剔。

起先，发电只是为了照明，一台发电机可以覆盖一家或者几家用电。这时候的电是星星点点的，不稳定，不可靠。长此以往不是办法，所以就出现了发电站，这也是爱迪生的生命中重要的一环。早期的电流采用直流输电，电压不能太高，否则输电的过程中电能损失大，所以，电厂要建在居民区旁边，以方便供电。当然，那时候的用电器也就只有电灯。

随着越来越多的用电器出现，电成为工业动力，直流电的缺点暴露出来了，交流电的可靠性和安全性一下凸显出来。

交流电的输电、发电、发电机技术专利属于尼古拉·特斯拉。交流电技术是电在全世界得以普及和推广的大前提。

同样，交流发电机的发明者不是特斯拉，但特斯拉对交流电的改进让交流发电机真正通过了市场的检验，正如爱迪生发明了最好用的电灯泡一样。更为重要的是，特斯拉发明了异步电动机，交流电远距离高压传输的优点更符合电气时代的需求。发电站可以建设在供水和燃料运输便捷的地方，而无须建在居民区附近，电力供应也从星星点点的发电机、发电站供应，变为集中式发电，再通过电网传输电力。

特斯拉在30多岁时设计的美国尼亚加拉水电站，运用了包括交流发电机和交流输电技术在内的9项特斯拉发明。这座于1897年建成的电力设施至今仍然运作如常。

和巴贝奇一样，特斯拉是一位超越时代的人物。他发明了收音机、传真机、霓虹灯管、飞弹导航等，一生取得了1000多项发明专利；他还想到无线传输电力，直到最近几年才成为现实。然而，他的有些想法至今还没能实现。

和爱迪生在同一个时空的特斯拉，没能像爱迪生一样获得商业上的成功，在技术上的耕耘伴随了他的一生。在电的发展史上，特斯拉的贡献丝毫不逊于爱迪生。

今天，代表汽车行业新生代的特斯拉汽车，用新的方式来致敬这位伟大的物理学家尼古拉·特斯拉。电再一次作为新能源，成为汽车领域的创新阵地。

人类驯化电的历史已经有100多年，此后科技进步和发展的背后都有电的支撑。与第一次工业革命的主角蒸汽机不同，电所带来的人类文明更加源远流长，生生不息，电真正成了公共基础设施。

第二节　把电用在计算机上

电灯打开了电作为动力的大门，电报开启了电作为信息承载的通路，电与各行各业的结合都打开了一番创新天地。

马歇尔·麦克卢汉在《理解媒介》中说，过去的一切技术（除言语之外）实际上都使人的某一部分肢体延伸，而电力媒介却可以说使我们的中枢神经系统（包括大脑）实现了外化。

这个外化的进程，首先就是从人脑开始的。人脑的外化，也就是对计算机的诉求，意味着人类对解放脑力的渴求。计算机与电的发展一样，也是先从理论基础开始的。

图灵的计算机理论

计算机领域的最高奖项是“图灵奖”，奖励的是对计算机事业作出重要贡献的个人，被誉为“计算机界的诺贝尔奖”，这个奖的名字就取自艾伦·麦席森·图灵。

图灵于 1912 年出生在一个没落的英国贵族家庭，1931 年进入英国剑桥大学国王学院学习数学。图灵喜欢独来独往，热衷于长跑、骑行等不需要社交的运动。

当时的数学家非常热衷于逻辑系统的完整性和稳定性，图灵也一直在思考这个问题的答案。1935 年夏季的一天，图灵跑完几英里之后，在一棵苹果树下休息，忽然有一个想法闯进了他的脑海：有没有一种"机械方式"可以用于判定某个逻辑命题是否可证。

1937 年，图灵发表了一篇题为《论可计算数及其在判定问题上的应用》的论文，从数学理论上定义了"可计算数"，证明了不论数字和数列有多复杂，只要它的计算是由有限的规则集定义的，不会因如"死循环"等因素而无法写下计算结果，那么它就有了"可计算性"，可以被计算出来，而这实际上就对计算的范畴给出了一个广泛且精确的界定。

在这篇论文的证明过程中，他构想了一台可以辅助数学研究的机器，"发明一台可以用于计算任意可计算序列的机器是可能的"。

在图灵的脑海中，这台机器有下面几个组件：纸带、符号、操作和状态。纸带要被分成一个个格子，用来记录不同的符号；符号被分成五类，包括指定字符、任意字符、空字符、留空字符以及其他字符，需要注意的是，符号不仅仅表示需要计算的二进制，对于状态、操作等都有一个完备的定义；其中定义了四种操作，向右移、向左移、打印以及擦除；而最为重要的，就是对状态的定义了，图灵为这台机器设定了从"b"开始按照字母顺序排列的一系列状态，所有的计算任务都将通过机器在不同的状态之间完成切换，也就是说一个"可计算"的"算法"，在图灵的机器中都是可以被分解成不同状态的组合的。而这实际上就是现代计算机中函数的雏形。

需要注意的是，一台图灵的机器的字符编码一定是有限的，因为可计算的任务一定是有限的。因此，在图灵的机器的设计中，也必须针对不可计算的任务做好提前的设置，一旦进入拒绝状态，整个计算任务将停止。而这实际上也是通过不同状态的设计组合来实现的，也堪称图灵的机器设计的神来之笔。由于涉及了集合论等相关数学知识，本书不再展开论述。

尽管图灵没有提到这台机器要采用什么样的机制来具体实现，也没有说这台机器通过什么样的工艺制造出来，但是，他这台想象中的机器可以按照指令完成任何任务，得到想要的结果。这个想法从理论上实现了巴贝奇和埃达的通用计算机的设想。

后来，图灵的老师——普林斯顿大学的数学家阿隆佐·邱奇把图灵的这台想象中的机器，命名为“图灵机”。从此，图灵机就成了图灵留给这个世界的一道应用题，等着全世界的解答。

这一年正是巴贝奇首次发表分析机论文之后的第100年。就在这一年，还有一位21岁的麻省理工学院的年轻人克劳德·香农发表了《继电器与开关电路的符号分析》硕士论文，后来被誉为“20世纪最重要的硕士论文”。

香农最被大家所熟知的是他提出了信息论，很多人所不知道的是，香农早期的经历以及他的兴趣指引让他有了惊人的发现，在计算机理论上，香农同样有巨大贡献。

在密歇根大学读大学四年级的时候，香农应征前往麻省理工学院帮助万尼瓦尔·布什运作微分分析机，他被这台机器的电磁继电器开关迷住了，电流信号有两种通路——开和关，形成了不同的电路。香农后来到贝尔实验室短暂工作了一段时间，认识到了电话系统电路的强大功能。他开始联想到英国数学家乔治·布尔制定的逻辑系统——布尔代数，布尔用符号和等式表达逻辑命题的方式。继电器的“与”和“或”组成的“逻辑门”，集成在电路之中，就可以执行布尔代数运算。

当香农再回到麻省理工学院的时候，他的导师万尼瓦尔·布什鼓励他把这个想法写成自己的硕士论文，于是就有了这篇被《科学美国人》称为“信息时代的大宪章”的《继电器与开关电路的符号分析》的论文。香农提出了“利用继电器电路执行复杂的数学运算是可能的”，这就是利用二进制进行运算和逻辑控制的开关逻辑电路。

理论已经具备，而需求才是最直接的催化剂，制造真正的电子计算机，解答图灵的应用题，让这一切发生的是第二次世界大战。

炮火中诞生的计算

1941 年 12 月 7 日，日本海军突然袭击美国在太平洋上的军事基地珍珠港，发动了太平洋战争，美国加入第二次世界大战（以下简称二战），并且加强了对英国、苏联等各国的援助。

美国陆军军械部和宾夕法尼亚大学接到一项任务——为美国输送到欧洲的火炮武器制作记录发射角设置的说明书。简单来说，就是要说清楚，在温度、湿度、风速、高度、火药种类等的不同情况下火炮的数百项发射条件，确保能够实现精确瞄准。而一种火炮的一种炮弹需要计算 3000 条弹道，任务重大。

完成这些计算的解决方法是，召集全国各地数学专业的学生，大多是女生，就是被称作“computer”（计算员）的人，他们使用香农在麻省理工学院的老师万尼瓦尔·布什发明的微分分析机来求解方程。这就是那个时代的“算力”。

使用微分分析机的工作需要 170 个人协作，计算一个弹道表需要超过一个月的时间，这就是当时“算力”的生产效率。就这样过去了半年多，到了 1942 年夏天，美军的炮火出现了无法使用的情况，残酷的战场被“拖后腿”的“算力”耽误了。

宾夕法尼亚大学的教授约翰 · 莫奇利提出了“高速真空管设备的计算应用”，预估一个弹道可以在百秒之内完成计算，请求军方资助他和他的学生普雷斯伯 · 埃克特建造这个机器。

美国陆军部被这个方案打动了，1943 年 6 月，开始资助其建造。这台机器取名为 Electronic Numerical Integrator and Calculator，也就是电子数字积分计算器，简称 ENIAC（埃尼亚克），因为其主要用途就是求解微积分方程，也就是弹道计算的关键。

二战结束后不久的 1945 年 11 月，ENIAC 全面启用，一秒钟之内可以进行 5000 次加减法运算，计算能力只有今天智能手机的百万分之一。二战结束后，不再需要计算火炮的弹道，这台庞然大物占地 160 多平方米，相当于一套四居室的房子，重量超过 30 吨，使用了 17468 个电子管，耗电量大约为 15 万瓦。在那个供电还不够充足、电力还不算稳定的年代，ENIAC 一启动，周围居民家里的灯都会变暗。

二战解密：计算机功不可没

那个在思维实验中想象出一台计算机的图灵，身处二战中的英国战场，那时候的他在干什么？

图灵在完成了《论可计算数及其在判定问题上的应用》的论文之后，就来到美国普林斯顿大学读博士，其中一位导师就是著名的物理学家、数学家约翰·冯·诺依曼。冯·诺依曼打算在图灵博士毕业后聘请他为助理，这样图灵就可以继续留在美国。

那时的欧洲弥漫着战争的味道，图灵在普林斯顿大学期间对密码学产生了浓厚的兴趣，自己的祖国正面临战争威胁，他毅然决定回国。

不久之后，英国就陷入了战争的泥潭，回国后在剑桥大学担任研究员的图灵，加入了英国情报部门，负责破译德军的恩尼格码。

恩尼格玛密码机是当时非常先进的加密设备，每次输入之后都会改变密文字母的生成方式。英军每次截获敌军情报，都因为无法破译密码而苦恼。

图灵和他的团队的工作就是破译这些密码。他们根据恩尼格玛的漏洞以及一些反复出现的特定语句，研制了一种名叫“炸弹机”的破译机，于 1940 年 8 月建成了两台炸弹机，总共破解了 178 条加密信息。

德军的情报加密设备也在升级，炸弹机破译不了来自希特勒和他的最高统率部发出的情报。德军的加密信息是通过电子数字设备生成的，而炸弹机只是没有任何电子管和电路的一种机电设备，算力远远跟不上。破译更高级的密码，只有用比加密机更高级的高速电子电路设备才有希望。

英国情报部门又组建了另外一个团队，团队主管就是图灵在剑桥大学的导师麦克斯·纽曼，总工程师是电子学家汤米·费劳尔斯，他有丰富的电子管研究经验。图灵不属于这个团队，但他为这个团队提供了统计方法。

战火还在燃烧。1943 年 12 月，第一台巨人计算机问世了，再经过改造，1944 年 6 月 1 日，改进版的巨人计算机投入使用。5 天后，巨人计算机解密的首批情报就帮助艾森豪威尔上将率领同盟军成功实现了诺曼底登陆，开辟了欧洲第二战场，扭转了二战的战局。

改进版的巨人计算机有 2400 个电子管，重约 1 吨，耗电量在 4.5 千瓦，比 ENIAC 小许多。

战争结束后，英国首相丘吉尔并不想让世人知道巨人计算机的存在，亲自下令拆毁 12 台中的 10 台，其余两台在 1961 年被拆毁。这些曾经在二战中立下赫赫战功的机器，被拆成了不到巴掌大的一块块废铁，连图纸也一并销毁。英国政府对此一直保持沉默，直到 20 世纪 70 年代才公布于世。

2007 年，根据一张 1945 年留下的巨人计算机老照片，以及工作人员冒死留下的电路图，经过 14 年努力，终于完成了巨人计算机的复原工作，并将其放在二战时英国情报部门所在地布莱奇利公园中。

来自工程师的第一台图灵完备的计算机

美国为二战建造了计算机，英国也建造了计算机，同样在主战场的德国，有没有建造计算机?

答案是肯定的。

二战之前，德国在电气化的路上就已经超越了引领了第一次工业革命的英国。在电从理论到工程应用的转化中，德国和美国功不可没。第一台实用的电动机就是由德国物理学家雅可比发明的，德国还出现了维尔纳·冯·西门子这样的发明家和企业家，西门子作为一个来自德国的产业推手推动了电能的普及。

这样的环境总会造就一些人才，其中可能就有一个能造出计算机的工程师。

柏林一家飞机制造公司的分析员康拉德·楚泽，他的工作需要每天大量地解方程。他认为，这种工作应该交给机器去做，为此，他辞职回家，把自己家里的一间起居室改成工作室，研究起了解方程机器。

他用 35 毫米电影胶片造出了计算机 Z1。因为是在自家的工作室，机器零件是纯手工完成，没有其他可以协作的同事，以一己之力制造的这台机械开关的计算机总是出现故障，但至少证明了，楚泽的逻辑方向是正确的，这时候是 1938 年。不久之后，他用收购的二手机电继电器开关制造了一台由继电器组成的计算机 Z2。1939 年，楚泽又开始研制第三台计算机 Z3，这台计算机全面采用了机电继电器，是第一台图灵完备的计算机，建造完成的时间是 1941 年。

楚泽和他的好友在 1942 年向德国陆军提出使用电子管来制造高效的计算机的建议，可那时候，自负的德军认为他们两年内就可以以胜利者的姿态打赢战争，没必要花钱去造计算机，出资制造计算机还不如花钱制造武器。

战争还跟楚泽开了一个大玩笑，他的计算机没能得到军队资助，他造出的计算机 Z3 以及设计手稿却被同盟军的空袭炸毁。

楚泽身处战败的纳粹德国，计算机 Z3 被炸毁且没有完全投入使用，所以他的机器一直没有获得认可，他为计算机 Z3 申请专利，一直被拒绝受理。直到 1962 年，他才被确认为计算机发明人之一。

楚泽已于 1995 年 12 月 18 日在德国许恩费尔德市与世长辞。就在 1995 年，微软创始人比尔·盖茨拜访了楚泽，楚泽为盖茨画了一幅肖像，这幅肖像一直被比尔·盖茨挂在自己的办公室里。

那么，问题来了，究竟第一台通用电子计算机是哪个？

现在的通用计算机有几个特点：数字化、二进制、电子化、通用性。以此为依据来看美国的 ENIAC、英国的巨人计算机，以及德国楚泽的计算机Z3，相比之下，它们可能都不是完美的通用计算机，每个机器都有点不尽如人意。计算机Z3造出来最早，但没有采用电子元件，而且没有完全投入使用。巨人计算机出现在之后，是电子化、可编程的，而且在战争中发挥了作用，但它是专门用于破译德军情报密码的，不是通用计算机，且不是图灵完备的。ENIAC是完全电子化的，运行了10年，后来的计算机也都是以它为原型改进的，为计算机的发展作出了不可磨灭的贡献，但它也有缺陷，ENIAC的输入进制没有采用二进制，可计算精度及效率等都比二进制要低。

计算机架构：冯·诺依曼架构

真正具有该有的样子的计算机，是EDVAC（Electronic Discrete Variable Automatic Computer，离散变量自动电子计算机，简称ED-VAC）。

图灵在普林斯顿大学的导师之一，也就是想给图灵一份助理工作的导师冯·诺依曼，是一位多才的科学家，他在数学、量子力学、核武器、生化武器等方面都有所建树，他还是“博弈论之父”。

这位跨多种学科的大神级人物留下了许多传说。据说，他有一次参加一个晚宴，有一个年轻人问了他一道题：两列火车相隔200千米，各以每小时50千米的速度相向而行，一只苍蝇从其中一列前端出发，以每小时75千米的速度，在两列车之间来来回回飞个不停，问：直到两车相撞，苍蝇飞过的总距离是多少？

几秒后，冯·诺依曼回答：“150千米。”年轻人很是震撼，膜拜冯·诺依曼给出了这道题的简单解法，即火车相遇需要2小时，所以苍蝇飞了75×2＝150千米。于是，年轻人马上拍起了“马屁”，说：“绝大多数数学家总是忽略能解决这个问题的简单方法，而去采用无穷级数求和的复杂方法。”而冯·诺依曼这时惊奇地说：“我用的就是无穷级数求和的方法呀。”也就是说，冯·诺依曼用几秒钟的时间，心算了一道“无穷级数题”。

二战时期，冯·诺依曼参与了美国陆军部研制原子弹的计划，也就是“曼哈顿计划”，他参与了原子弹、氢弹的研发工作。核武器的研发过程中有大量计算工作，需要求解大量的方程，所以冯·诺依曼开始关注计算机的进展。他往来于哈佛大学、普林斯顿大学、宾夕法尼亚大学、贝尔实验室等地，寻找他的目标。

在哈佛大学，他见到了美国海军接管的、由霍华德·艾肯设计建造的“马克一号”，这是一台数字化的机器，采用十进制，重 5 吨，但没有使用电磁继电器，而是机械继电器。

后来，他又来到宾夕法尼亚大学，见到了正在建造的 ENIAC，ENIAC 能够在一个小时之内求解一道偏微分方程，而马克一号需要 80 个小时。冯·诺依曼隐隐觉得，这就是他找的计算机。

但很快，他发现了一个问题，这也是一直困惑莫奇利和埃克特的问题。

在当时，ENIAC 的计算速度虽然已经够快，但它并不是一台通用计算机，它为不同的任务重新编程序需要花费数个小时的时间，如果处理大量各不相同的任务，将是一件很复杂的事情。

冯·诺依曼在当时已经是知名的专家学者，他的关注使莫奇利和埃克特倍感荣幸，冯·诺依曼随即以顾问的身份加入 ENIAC 团队，他给出的建议是，在计算机中加入存储器，以保存计算机程序和数据，由此可以让程序调整变得简单。

这正是巴贝奇和埃达当年的愿望。

根据冯·诺依曼的建议，宾夕法尼亚大学提议建造一台改进版的ENIAC，把十进制改为二进制，并增加存储器，新机器以EDVAC命名。

EDVAC包括了运算器、逻辑控制装置、存储器、输入和输出设备五个部分。为了阐明EDVAC研发团队的想法，并促进高速计算机制造技术的发展，冯·诺依曼写了一份《关于EDVAC的报告草案》的总结报告，公开了EDVAC的设计思想。后来，这种计算机设计体系架构被称为“冯·诺依曼架构”。

这份报告的发表时间是1945年，从那年起，现代计算机的架构确立，尽管后来也有其他的非冯·诺依曼架构，但都没有成为主流。

图灵解决了计算机的构成理论问题，香农解决了计算机器件的实现问题，冯·诺依曼解决了计算机的架构问题，计算机从理论到工程实践全面并进，迅速从数学学科中脱离出来，变成一门独立的计算科学。

第三节　计算机威力初现

德怀特·戴维·艾森豪威尔的人生有两个高光时刻：一个是他在二战中指挥盟军在诺曼底登陆，这是目前为止世界上最大的一次海上登陆作战，使二战的战略态势发生了根本性的变化，他也因此成为五星上将；另一个高光时刻就是他成为美国第34任总统。

指挥诺曼底登陆的时候，英国巨人计算机破译的德军情报使他有如神助。当选总统之际，一台名叫UNIVAC的计算机在全美国大部分投票站都没有截止投票的时候，就以100∶1的胜率预测艾森豪威尔会当选美国总统。

在今天，预测美国总统大选结果、预测世界杯冠军等都是技术大显神威的必备项，但在 1952 年，在那个连电灯都没有实现“村村通”的年代，有机器可以预测美国总统大选结果，这是何等神奇的事情。

这是公众第一次意识到计算机的作用（之前计算机用在军事上，不是普通老百姓可以感受到的），CBS（哥伦比亚广播电视公司）著名节目主持人在新闻节目中称“UNIVAC”是“无与伦比的电子大脑”。

电“脑”成为商品

从名字就能看出来，UNIVAC 跟 ENVAC 有渊源。莫奇利和埃克特在 ENIAC 和 ENVAC 的知识产权上与宾夕法尼亚大学没办法达成一致，最终莫奇利和埃克特离开了宾夕法尼亚大学，他们成立了埃克特—莫奇利计算机公司，后来经过了一系列的收购、并购，成了现在的优利系统。

UNIVAC 就是他们离开宾夕法尼亚大学后，在创业期间做出的一款计算机，这是全世界第一台商用的计算机，因为预测美国总统大选成功，UNIVAC 一下就成为“网红”。这个机器卖出了 40 多台，第一位客户是美国人口普查局。1951 年 6 月 14 日，美国人口普查局收到了这台机器，这个日子也成为计算机的一个“大日子”：计算机终于走出了实验室，开始为民用服务。

随后，通用电器等公司也成为 UNIVAC 的客户。40 多台的销量以当时的制造规模来看，已经可以称为规模化制造了，更重要的是，UNIVAC 打开了计算机商用市场的大门。

以现在的眼光来看，莫奇利和埃克特引领了多次创新，而且这些创新都是有着闪光点的。ENIAC、ENVAC、UNIVAC 都是在计算机历史上有着辉煌成就的产品，可是，为什么莫奇利和埃克特的名字跟他们的产品相比，却有点“小透明”?

亚伯拉罕·林肯说：“专利给天才之火添加了利益之油。”莫奇利一生似乎都跟这个“利益之油”有过节。

约翰·文森特·阿塔纳索夫本是不应该被历史记住的人，他在艾奥瓦州一所州立大学担任助理教授，这所学校并不是一所研究性大学。阿塔纳索夫设计、制造了一台计算机器，用途是求解大型线性代数方程，这台机器有 300 个电子管，差不多有一张书桌大小，他的机器差最后一个环节无法完成，可惜他所在的学校没有能够帮助他的团队来最终实现。就在这个时候，美国加入了二战，他应征进入美国海军，中断了对计算机的研究，转向研究军械。是金子总会发光的，他在服役期间获得了 30 多项发明专利。

阿塔纳索夫在应征入伍之前，写了一份关于计算机器的专利申请书提交给一位专利代理律师，可这位律师偏偏是个认为“多一事不如少一事”的人，他把这份专利申请书丢在了一旁，没有递交上去。那台几乎完工的计算机实物的命运更是离奇，它没有被战火毁掉，却因为占了学校的场地，被当成废品拆掉了。

阿塔纳索夫在计算机领域的贡献本来就要被毁于一旦，可是，喜欢交流分享的莫奇利于 1941 年到阿塔纳索夫家拜访，目睹了这台还没有完工的机器，而且莫奇利还向阿塔纳索夫请教了许多问题。

这次拜访给日后为 ENIAC 申请专利造成了很大麻烦。1973 年 10 月，美国联邦法院的裁决使莫奇利和埃克特的 ENIAC 专利无效，而这次拜访就是无效的重要原因，但这场官司却让阿塔纳索夫重新进入了计算机的名人堂。

让莫奇利和埃克特恼火的还有一位，就是冯·诺依曼。

冯·诺依曼空降到宾夕法尼亚大学，参与了ENVAC的设计，他们共同设计、制定了架构，而冯·诺依曼将其写成报告公开发表，使得日后莫奇利和埃克特无法以此来申请专利。

而莫奇利和埃克特的“东家”宾夕法尼亚大学坚持要得到ENIAC相关专利的免费授权，在ENVAC的所有权方面他们也无法达成一致，当时的知识产权划分也没有健全的法律作为依据，这些最终让莫奇利和埃克特离开了宾夕法尼亚大学。

他们随后创建了埃克特—莫奇利计算机公司，但他们并不擅长运营企业，很快就面临了资金上的难题，他们很希望把自己的公司卖给IBM。遗憾的是，迫于反垄断法的压力，IBM不能收购他们的公司，因为IBM这个时候也把计算机定位为IBM的发展方向，他们不能收购仅有的几个竞争对手之一。

1890年的那次人口普查促使赫尔曼·霍列瑞斯发明了打孔制表机，于是就有了后来的IBM。二战时，IBM的研发部门将研发重点转向了军事项目。战争结束后，IBM也把计算机作为了公司的未来方向。IBM也参与了哈佛大学的“马克一号”计算机项目，后来也研制了SSEC超级计算器（当时的IBM掌舵者老沃森不喜欢“计算机”这个名字），以及磁鼓计算器与磁带处理机，但这些跟UNIAC相比，都有些相形见绌。

老沃森的儿子小托马斯·J. 沃森接管IBM之后，全力进入计算机市场，因为他看到了UNIAC已经进入了民用市场。1951年，UNIAC有了民用客户之后，IBM奋起直追，推出了IBM 701、IBM 702，但仍然没能成为“UNIAC终结者”。

让IBM翻身的是IBM 650。相比IBM 701和IBM 702，1953年推出的IBM 650是低成本的磁鼓计算器，售价为20万美元左右。IBM将IBM 650以60%的价格卖给大学和学院，前提是在这些大学里开设计算机课程，由此为IBM培养了一批计算机人才。凭借IBM 650的成功，IBM开始迅速超越UNIAC当时的“东家”雷明顿—兰德公司。

尽管IBM 650是当时最优秀的计算机，但在那个时候，计算机对于企业仍然没有太大的诱惑，企业已经习惯了用记账机，而且记账机所关联的打印机、打孔机这些外设，仍然没有任何进步，IBM 650的价格与这些低级的产品相比又没有竞争力。

晶体管发明之后，IBM在1959年推出了IBM 1401机型，IBM 1401售价约15万美元，价格仍然与一台中型打孔机设备不相上下，但却获得了成功。让IBM 1401成功的并不是计算机本身使用晶体管而获得的优秀性能，而是因为IBM 1401配套提供了1403新型打印机。新的打印机成为IBM客户进入计算机时代的动力，因为这时的企业对计算机的需求还仅限于处理工资单、库存管理、发票等企业应用，打印机才是刚需。

这时的IBM如日中天，有了“蓝色巨人”的称号。同一时期，处于计算机市场的除了雷明顿—兰德，还有RCA、通用电气、霍尼韦尔、NCR等公司，与IBM一起，成为商用计算机的开拓者，可他们的市场让IBM在面对反垄断法时背负了“连10%的市场份额都阻止竞争对手获得”的罪名。

IBM此时面临的难题是，IBM仅在1960年一年就推出7种型号的计算机，用于不同领域，有大型机，还有小型机，要准备至少2500种电路组件。更可怕的是，每一种计算机都有不同的软件包，要维护诸多程序，而且要为每种计算机重新开发程序，长此以往，会压垮自己。于是，IBM 迫不得已走上了“兼容”之路，硬件兼容，软件更要兼容。

作为“兼容”的新一代代表，IBM 兼容机被命名为“System 360”，代表全方位的普遍适用性。没想到，这成为 IBM 划时代的产品，成为 IBM 日后 30 年的发展根基。

当然，兼容并不是 IBM 想出来的，而是 IBM 的竞争对手霍尼韦尔为了能从 IBM 的市场份额中挤出一点空间而制定的策略。霍尼韦尔在 1963 年发布了 H200，为了抗衡 IBM 1401，分得一点市场，他制定了用兼容性来挑战 IBM、以性价比击退 IBM 的策略。

兼容，是在那个时代诞生的一种竞争策略，因此建立起了一套计算机标准，消除了部分竞争，当然也引入了新的竞争元素，“兼容”计算机让计算机行业逐渐降低了门槛，日本和欧洲等其他国家也开始进入计算机领域，推出了更具有竞争力的产品，使得产品性价比越来越高，最终让计算机真正成为商品，进入了企业市场。大型企业开始将计算机、打印机等运营、维护等工作委托给专门的信息处理部门，信息化成为企业里的新工种。

人工智能难题出现

“电子大脑”是不是真的像大脑一样？

二战时正是计算机初露锋芒的时候，奠定计算机理论基础的图灵和香农，在二战硝烟弥漫的时候，在忙什么呢？

战争让他们都不约而同地进入了密码学领域。前面有提到，图灵在二战中的工作是在英国的情报部门破译密码，而香农在二战中的工作则是给五角大楼里的罗斯福总统和处在战争一线办公室的丘吉尔首相的电话进行加密。他们的工作都是秘密进行的，但并不妨碍他们成为朋友。

就在巨人计算机研制的1943年初，图灵远渡重洋，辗转躲过德军的U型潜艇来到美国，此行也是一趟涉密之旅，图灵来贝尔实验室拜访一支语音加密团队，进行学术交流。

接下来的场景，大家都想到了：战火纷飞下的这次拜访，让密码破译者和密码加密者有机会一起共进午餐，一起品下午茶，更让密码学从一门符号艺术变成了一门科学。

图灵和香农都在1937年发表了各自的成名论文，这让他们惺惺相惜，他们很快发现了这两篇论文存在一个共性：二进制指令操作的机器，既然可以解决数学问题，那么应该也能够解决所有跟逻辑有关的问题。

图灵和香农的几句对白，几乎可以成为科幻片的对话脚本。

“是不是可以把音乐这些文化的东西也输入机器里。”香农说。

图灵反驳道：“不，我对建造一颗强大的大脑不感兴趣，我想要的不过是一颗寻常的大脑，跟AT&T董事长的脑袋瓜差不多大就可以。”

听到这个对话的人，可能听过也就忘了，真的以为就是他们在贝尔实验室里想出来的科幻小说情节。

1943年4月，图灵返回英国情报部门工作，但这个想法在图灵的脑中却一直挥之不去。图灵一直在思考，机器能不能从经验中学习？也许有一天机器能够像人类一样思考，如下象棋、写十四行诗等。

对这些问题研究了几年之后，图灵在哲学期刊《心灵》上发表了一篇论文《计算机器与智能》，这篇论文让图灵摘得了“人工智能之父”

的桂冠。

图灵在论文中提出了著名的“图灵测试”概念，也就是图灵所说的“模仿游戏”：一个人把自己的问题写下来，发给处于另外一个房间中的一个人和一台机器，根据他们的回答判断哪个是机器回答的，哪个是人回答的。

这个问题在今天来看迷惑性更大了，因为机器的回答越来越像人，而图灵在 1950 年就提出了这样的预见。

图灵预测：“50 年左右的时间内，计算机编程技术可能实现可以顺利通过模仿游戏的计算机。”

当然，图灵还不忘回应前辈埃达·洛夫莱斯。埃达认为分析机不会主动创造任何东西，也就是说机械装置没有自主性，只能被动地执行任务，图灵将此观点叫作“洛夫莱斯夫人的异议”。他驳斥道：“与其尝试编写一个可以模拟成人大脑的程序，为什么不尝试模拟儿童的大脑呢？在经过适当的教育之后，它将有可能成长为成人的大脑。”

遗憾的是，图灵没有机会参加被誉为人工智能元年的 1956 年的达特茅斯会议。图灵因为同性恋不被当时的社会所接受，在化学阉割和坐牢之间，他选择了前者，这项治疗持续了一年多之后，这位长跑爱好者不能接受身体所发生的变化，在 1954 年 6 月 7 日咬下了一口含有氰化物的毒苹果，离开了人世。

图灵因遭受不公待遇而离世，这是人类文明进步的一大损失。随着时间的流逝，图灵在计算机和人工智能领域的伟大贡献越发凸显。2012 年 12 月，霍金、诺贝尔医学奖得主纳斯、英国皇家学会会长里斯等 11 位重要人士致函英国首相卡梅伦，要求为其平反。

2013 年，英国女王伊丽莎白二世签署对图灵定性为“严重猥亵”

的赦免。

一部向图灵致敬的电影《模仿游戏》（*The Imitation Game*）于2014年上映，讲述了图灵传奇的一生，这部电影改编自安德鲁·霍奇斯编著的《艾伦·图灵传》，获得了第87届奥斯卡最佳改编剧本奖。

2021年发行的50英镑新钞上，艾伦·图灵的头像取代了蒸汽机先驱马修·巴顿和詹姆斯·瓦特，以致敬这位“计算机之父”和“人工智能之父”。

人在最初去“记”和“算”，是为了温饱来计算食物，预测自己会不会被饿死，能预测、作判断一直都是人的一种美好愿望。有了计算机之后，人的这个愿望又被激发了出来。人工智能就是能承载预测、判断的一种计算机应用，这个应用伴随着计算机的出现而诞生，并且会随着计算机的发展一直延伸下去，因为预测、判断是人的永恒愿望，人工智能也会随着这一永恒的愿望，成为计算机的终极应用。

第四节 计算的发动机——芯片

电子管的使用让计算机“真正”成为电子计算机。在早期电子计算机时代，是否使用了电子管，还是计算机先进与否的衡量标准之一，然而电子管的缺点也是显而易见的。电子管体积大、功耗大、发热厉害、寿命短。

第一位发现Bug的人，也就是计算机软件工程第一夫人、杰出的计算机科学家格蕾丝·赫柏。她的团队在每次使用“马克二号”的时候，都会先祈祷，希望机器不会出现故障，因为电子管实在是太不靠谱了。1945年9月的一天，“马克二号”又“罢工”了。在对其进行各种检查、各种测试后，心细的格蕾丝·赫柏终于找到了故障的原因：继电器中有一只被电死的蛾子。这个搞事情的“bug”后来就变成了今天的Bug，“debug”（除虫）也由此进入了计算机专有词汇名单，格蕾丝·赫柏也成了第一个发现“bug”的人。

电子管有诸多缺点，寻找电子管的替代产品就变得迫切起来。1947年12月，在美国贝尔实验室里，威廉·肖克利、约翰·巴丁和沃尔特·布拉顿组成了研究小组，开始研制晶体管。晶体管的问世是20世纪的一项重大发明，三个人也因此获得了诺贝尔物理学奖。晶体管出现后，人们就能用一个小巧的、消耗功率低的电子器件来代替体积大、功率消耗大的电子管，这使集成电路的出现成为可能，搅动全球的那颗“芯”因此有了诞生的温床。

肖克利的目标不仅仅是研制晶体管，他还要把晶体管商业化，科学家＋企业家的身份是他的人生目标，他创办了肖克利实验室股份有限公司，聚集了一批当时不到30岁且在电子研究领域已经锋芒初露的年轻人，从美国东部齐聚加州圣克拉拉谷（肖克利的老家，他的目的是在创业的时候可以方便照顾年事已高的母亲），圣克拉拉谷凤凰涅槃成了“硅谷”。

肖克利聘用的8位有志青年踌躇满志，想在肖克利的带领下大展拳脚，而他们的这位有着诺贝尔物理学奖桂冠的领导，有高超的智商，但在成为企业家的路途上却还只有学龄前水平，不仅公司运营管理能力低，在产品研发方向上同样没有战略性眼光。8位青年终于忍无可忍，他们决定离开肖克利组建自己的公司，并获得了一笔150万美元的启动资金。就在肖克利公司所在的同一条马路上，1957年10月，仙童半导体成立了，肖克利怒斥他们是“八叛逆”。

从晶体管到 CPU

“曼哈顿计划”让冯·诺依曼关注到了计算机的发展，在“曼哈顿计划”之后，美国的又一个大计划——阿波罗登月计划再次助推了计算机的发展，这次获益的是芯片。

仙童半导体成立之后的第三天，1957 年 10 月 4 日，苏联成功发射了斯普特尼克号（Sputnik）人造卫星，美苏之间的“太空大战”一触即发。1961 年 4 月，苏联宇航员尤里·加加林成为第一位在太空旅行的人。美国不甘落后，1961 年肯尼迪总统雄心勃勃地宣布了阿波罗登月计划——要在 20 世纪 60 年代结束之前，把人送到月球上，再安全返回地球。

在这个重大时刻，不仅仅是太空技术要实现这个奇迹，计算，同样也站在了人类登月的历史舞台上。火箭前锥段需要一个导航计算机，更小更轻的火箭可以让美国超越苏联在太空技术上的优势，仙童半导体的机会来了。

罗伯特·诺伊斯带着他们的仙童半导体，继续围绕晶体管做创新，他们遇到了一个大麻烦，跟电子管类似，只要遇到一点点灰尘，哪怕是多接触了一丁点气体，晶体管都没办法正常工作。1959 年 1 月，“八叛逆”之一的让·赫尔尼在淋浴时来了灵感，像做外科手术一样，让病人进到手术室里，在里面动手术，这样“苍蝇”就不会飞到“伤口”上了。

这个想法本来就只是为了设计出可靠性强的晶体管，在罗伯特·诺伊斯、戈登·摩尔的进一步思考和实践下，他们把电阻、电容等电子元件放在同一块芯片上，并且用一根根铜线连接晶体管的不同区域，也就是“把多个设备做到单个硅片上”。

几乎就在同时，仙童半导体的另外一个竞争对手德州仪器，也在进行晶体管研究。1958 年 7 月，德州仪器的杰克·基尔比提出了单片概念，把电阻、电容、晶体管等电路元件放在单个薄片上。1959 年 3 月，德州仪器把这项发明叫作“固体电路”。

不管是罗伯特·诺伊斯的方案，还是杰克·基尔比的方案，都不是那么完美，他们也因为专利之争引发了“基尔比—诺伊斯案”，争夺集成电路的发明人，但很快双方就达成了共识：他们俩是共同的集成电路发明人。

2000 年，因为集成电路的发明成就，杰克·基尔比获得诺贝尔物理学奖（罗伯特·诺伊斯已经去世，无缘诺贝尔奖），在领奖的那一刻，他首先就是赞扬诺伊斯，虽然他们经历了旷日持久的专利争夺，但他们仍然惺惺相惜。

就在集成电路被发明的这个时期，1959 年，投资了仙童半导体的仙童摄影器材公司决定收购仙童半导体，他们拒绝把股票期权分给新人工程师，还把仙童半导体的利润拿去投资一些夕阳产业。创办仙童半导体的“八叛逆”相继离开，年近 40 的罗伯特·诺伊斯和戈登·摩尔再次创业，创办了英特尔。

英特尔成立之后，定位于专门从事半导体存储器与定制芯片设计。1969 年，日本比稔康公司希望英特尔可以为科学计算器开发芯片组，这时，英特尔的一位员工特德·霍夫提出，与其专门为他们开发芯片，不如开发一种可以根据特定计算器功能编程的通用芯片。

这个留下了历史意义的芯片就是“英特尔 4004”，将运算器和控制器集成在一个芯片上，英特尔自称“芯片计算机”。因为这个芯片已经有了计算机的雏形，这颗芯片的诞生也标志着 CPU 中央处理器（Central Processing Unit，简称 CPU）的诞生，它作为计算机系统的运算和控制核心，是信息处理、程序运行的最终执行单元。

在英特尔 4004 出现之前，IBM、DEC 这些公司，包括英特尔、仙童半导体，设计和制造的芯片都是专“芯”专用，而且一“芯”一用，CPU 则意味着计算进入了通用化、集成化。

这里不得不再次提到冯·诺依曼，正是冯·诺依曼提出了计算架构，以人的身体架构来解析如何利用基本单元搭建一个计算机，又把这样的架构沿用到了计算芯片上，而直到现在，冯·诺依曼架构还在指导着计算芯片的设计。当然，这种架构带来的性能瓶颈也深刻影响着未来的算力系统构建，这是后话。

摩尔定律：出生，就看到了命运

作为集成电路的共同发明人，仙童半导体和德州仪器两家公司成了芯片市场上最重要的竞争对手，来自美国军方的大量订单，吸引了西屋和美国无线电公司加入芯片的竞争之列。美国军方大量采购芯片，使得微芯片价格很快就开始大幅下跌。仙童半导体最终获得了阿波罗的微芯片订单，阿波罗计划在 1969 年 7 月随着尼尔·阿姆斯特朗成功登上月球而宣告成功，比肯尼迪设定的目标提前了几个月。整个过程中，阿波罗计划购买了超过 100 万枚微芯片。

不管是来自美军导弹的需求，还是阿波罗计划的需求，政府的海量订单促使微芯片价格迅速下跌，阿波罗导航计算机的首枚原型芯片价格是 1000 美元，常规投产时，芯片价格已经降到了 20 美元。美国在这一时期研制的洲际弹道导弹——民兵洲际导弹上的微芯片价格，从 1962

年的 50 美元降到了 1968 年的 2 美元。

亲民的价格自然就可以生产出亲民的消费设备。含有微芯片的计算器获得了极大的成功，尽管在 1967 年，这个所谓的袖珍计算器两磅的重量还是有点重，150 美元的价格也不算很便宜，但是，比起之前的计算工具来说，这个袖珍计算器开启了一个富有想象力的市场，人们知道了，他们还需要有一个做加减乘除的随身工具。

芯片的尺寸越来越小，电子设备也变得越来越小，价格越来越低廉，性能却越来越强大，市场需求也越来越大。“八叛逆”之一的戈登·摩尔注意到了这个规律，有人邀请他做市场预测，他在 1965 年 4 月的《电子》杂志上发表了题为《让集成电路填满更多的元件》的论文，展望了集成电路行业的未来，他指出：“在元件价格保持最低的前提下，复杂性每年大约会追加一倍。”加州理工学院的卡沃·米德教授在公开场合称之为“摩尔定律”（Moore’s Law）。后来经过摩尔及团队成员不断的修正，业界公认的摩尔定律是：集成电路上可以容纳的晶体管数目在大约每经过 18 个月便会增加一倍。

1974 年，罗伯特·登纳德在论文中提出，晶体管面积的缩小，使得其所消耗的电压以及电流以差不多相同的比例缩小。也就是说，如果晶体管的大小减半，该晶体管的电压、电流同时减半，这就是登纳德缩放比例定律（Dennard Scaling）。

摩尔定律和登纳德缩放比例定律相得益彰地推动了信息技术行业的进步，芯片的性能不断加强，成本更低，带动了信息技术全行业的性能提升。与之相关的计算、网络都在朝着同样的目标努力，即性能更强，而成本更低。这样的一个目标在信息技术行业刚刚确立的几十年里，带动行业表现出了指数级增长的趋势，同时也带动了其他行业的突飞猛进，成为全球经济发展的引擎。

前面讲到了硅谷的由来。硅谷会诞生在圣塔克拉拉谷，跟晶体管的发明人肖克利有直接关系，那么硅谷为什么叫“硅”谷呢？

硅谷因为云集了仙童半导体、英特尔、AMD这些半导体芯片行业企业而得名。制造集成电路，首先需要从沙石中提炼出硅来加工，通过专门的工艺在硅晶片上刻出晶体管，再由此做成集成电路。

20世纪70年代，半导体行业进入商业爆发的进程，摩尔定律和登纳德缩放比例定律大放异彩。在相同的体积中尽可能多地塞入更多的晶体管，成为提升通用计算性能的奠基大法。然而令人遗憾的是，登纳德缩放比例定律在2007年就已经大幅放缓，2012年左右已接近失效，塞下更多晶体管所带来的代价就是功耗的飙升。计算能力提升绝不是简简单单把相同的晶体管堆叠到一起这么简单。

先来看看晶体管是怎么工作的。首先需要用晶体管来构建逻辑电路，实现最为基本的计算功能。一般来说，数字逻辑电路主要包括布尔代数、组合逻辑和时序逻辑三大基本逻辑。常见的布尔代数运算定律包括恒等律、0/1律、互补律、交换律、结合律、分配律、德摩根律等，这些数学定律在计算机里用二进制重新表示了一遍。如同搭积木一样，简单的逻辑积木块用两只手就能数完，但将积木堆叠起来却可以产生千变万化的组合。

组合逻辑的搭建实际上就是一个真值表的实现。一端是二进制的N个输入，另一端则是2的N次幂个输出，常见的门级组合就是逻辑门：与门（AND）、或门（OR）、非门（NOT）。除此之外，还有它们的两两组合：与非门（NAND）、或非门（NOR）及异或门（XOR）。利用这些基本逻辑门电路就可以构成具有特定功能的更大规模的组合逻辑部件，如计算机中的译码器、编码器、多路选择器、加法器等。

如果说上面用晶体管实现了组合的逻辑，那么随着时间概念的引入，还需要实现另一个计算：时序逻辑。时序逻辑和组合逻辑有两点显著不同，一是增加了数据存储的功能，因为它的输出不仅与当前输入有关，还与之前的逻辑值相关；二是增加了时钟信号功能，顾名思义，它需要一个计时模块，因为计算在这里引入了时间的概念。数据存储是时序逻辑电路的核心，构成它的叫作锁存器，而锁存器则是由与非门等逻辑门搭建而成的。

由此可见，布尔代数是整个计算的理论基础，尽管诞生于 1847 年，但已经种下了计算的种子；组合逻辑基于布尔代数理论构建了三个最为基本的门电路（与、或、非），并依托这些基本逻辑构建了基本算数单元；时序电路基于组合逻辑增加了数据存储的功能，引入了时序计算基础。

有了积木，就可以按照冯·诺依曼的架构构建各种基础计算器件了。首先就是运算器。通用算力需要支持最为基础的计算能力，在计算机发展的早期，运算器就是算数逻辑单元（Arithmetic Logic Unit, ALU)。ALU 可以做算数运算、逻辑运算、比较运算和移位运算。后来功能部件不断发展扩充，还可以执行乘法、除法、开方等大家比较了解的数学运算。除此之外，还有控制器、运算器、存储器、输入设备和输出设备等，而其中控制器和运算器合起来，被称为中央处理器，即 CPU。

1971 年 11 月 15 日，英特尔公司造出了世界上第一块 CPU——4004 微处理器，把 2300 个晶体管放到一起，晶体管之间的距离只有 10nm，能处理 4bit 的数据，频率有 108kHz，其性能与现在的 CPU 相比较，就是自行车和汽车的差距。

在这里需要引入一个新的概念：特征尺寸。所谓特征尺寸，就是一个晶体管或一条连线在 x 轴方向或 y 轴方向的最小尺寸。4004 CPU 的特征尺寸是 10μm，近些年已经下降到先进的个位数纳米。但需要注意的是，当特征尺寸缩小时，器件在水平方向以平方关系缩小，在垂直方向上也会缩小，而垂直方向上的缩小需要降低工作电压，以保证晶体管的正常工作和可靠性。

根据摩尔定律和登纳德缩放比例定律，当特征尺寸下降时，晶体管性能以线性提升。也就是说，在单位体积内能塞下越多的晶体管，构建更多的计算单元，整个计算芯片的算力就能得到更好的提升。而由于晶体管性能提升带来的直接影响是晶体管数目的平方曲线增长，这就对搭积木的能力提出了更高的要求，形象一点比喻的话，就是需要实现从简单的儿童积木到复杂的乐高机械的提升。

在微处理器发展的早期，晶体管密度的增长还是简单可控的，借由晶体管的大规模堆叠，微处理器迅速从 4 位发展到 8 位、16 位、32 位、64 位。一般来说，位数越多，精度越大，所能表征计算的数据范围就越广，其通用算力就越强。

1974 年，英特尔推出了采用了 NMOS 工艺（N-Metal-Oxide-Semiconductor，意为 N 型金属—氧化物—半导体）的 8080 微处理器；4 年后，英特尔 8086 问世，成为世界上第一块能够处理 16bit 的微处理器。这是英特尔的第二代 CPU。1982 年，80286 诞生，虽然它能计算的位数仍然是 16bit，但已经集成了 13.4 万个晶体管。1985 年，80386 集成了 27.5 万个晶体管，也使得计算位数扩展到 32bit，并成为电脑的工业标准；同年，80486 制造出来，并且突破了 100 万个晶体管的界限，拥有 120 万个晶体管，其性能是 80386 的 4 倍。

1993 年，80586 问世，它还有一个更让人们熟知的名字——奔腾(Pentium)。奔腾芯片的频率达到了 120MHz，在当时确实已经达到了堆料性能的顶峰。1999 年，AMD 发布了 Athlon CPU，这也是业界首个 1GHz 的 CPU。而 2004 年，英特尔更是制造出了 Pentium 4，其芯片频率达到了 3.4GHz，其首次采用的超标量指令集流水结构一直沿用至今。

半导体业界用了 28 年时间，使得 CPU 的运行频率达到了 GHz 级别，但从 1GHz 到 3GHz 仅用了不到 4 年时间。这背后隐藏的技术是什么呢？是不断加深的流水线集数。

CPU 的工作方式如同流水线一样，严格定义了每一步指令应该去哪里，做什么。而为了让其能在单位时间内完成更多的指令，充分实现流水线并行成为重要方式。也就是说，一条流水线的产能是有限的，而增加流水线级数则能立竿见影地提升并行效率，从而提高产能。通过不断加深的流水线，每个流水线级所做的事情越来越少，用的时间也就越来越少，这样 CPU 的运行频率就可以显著提高。英特尔的奔腾 3 处理器还是 10 级的流水线，其奔腾 4 芯片就已经达到 20 级的深度了。

这样做的原因很简单，就是为了实现摩尔定律所提及的目标。

毕竟摩尔定律只是一个经验公式，不是客观规律的论断。当摩尔定律被提出来的时候，失效的一天就注定会来临。很简单的道理，摩尔定律是不可能超越物理极限的，规模效应放在摩尔定律上，同样奏效。

计算机成为办公用品

芯片出现后，计算机开始了“瘦身之旅”。

1964 年 4 月 7 日，IBM 推出世界上首个采用集成电路的通用计算机系列 IBM S/360，这是世界上第一台大型主机，首次实现了每秒百万次的指令运算，人们叫它“大机”。

1965 年，DEC 推出了小型计算机 PDP-8，售价降到了 18500 美元，它长 61cm，宽 48cm，高 26cm，可将其放在一张稍大的桌上，因此被叫作小型计算机，简称小机。

1974 年，一款搭载了英特尔 8080、磁盘、键盘、屏幕、电源和机箱的业余计算机“牵牛星 8800”面世了，它被当时的媒体称作第一台个人计算机，而且不到 400 美元就可以带回家。制造这款机器的是一个极客埃德·罗伯茨，他创立了微型仪器和遥测系统公司 MITS。

希望作出个人计算机的不只有埃德·罗伯茨，还有计算机爱好者史蒂夫·乔布斯、斯蒂夫·盖瑞·沃兹尼亚克和罗纳德·杰拉尔德·韦恩，他们在 1976 年创建了苹果计算机公司，乔布斯的愿望是把计算机做成一件家用电器。

1975 年到 1980 年的这段时间里，还出现了许多大大小小的计算机公司以及软件公司，出现了数 10 种电子表格和文字处理软件，甚至出现了数据库。个人计算机除了具有家庭应用的味道，还表现出了商用办公的潜力。这时候的计算机市场仍然属于“蓝色巨人”IBM，看到商用办公的市场需求，IBM 马上就开始了行动。

1981 年，IBM 推出 IBM 个人计算机，计算机尺寸再度变小，又被叫作微型计算机，简称微机。

在 IBM 决定进入 PC 个人计算机的时刻，尴尬的情况出现了：IBM 并没有可以用于个人计算机的软件及芯片，为了短平快地进入个人计算机市场，他们决定摒弃传统的开发流程，所以他们选择了用英特尔 8088 芯片，以及微软的 MS-DOS 操作系统，MS-DOS 与 IBM 个人计算机捆绑销售，每卖出一台 IBM 个人计算机，就会卖出一份 MS-DOS 操作系统。

微软（Microsoft）是由比尔·盖茨和保罗·艾伦于 1975 年 4 月 4 日创立的。1975 年“牵牛星 8800”面世，比尔·盖茨和保罗·艾伦意识到，应该为这样的个人计算机研制一套编程系统，他们做出了BASIC编程系统。不过在 IBM 找到比尔·盖茨的时候，其实他并没有现成的可以用在 IBM 个人计算机上的产品。比尔·盖茨从“西雅图计算机产品”的软件公司买来了一款合适的软件，加以改进，摇身一变就有了 MS-DOS。

大机、小机，再到微机，从这些名字的变化，可以看出计算机的尺寸越来越小，价格也越来越低。与之对应的，则是集成电路越来越复杂。从名字就可以看出集成电路的密度发展规模，集成电路按集成度高低的不同可分为：

SSIC 小规模集成电路（Small Scale Integrated Circuits）；

MSIC 中规模集成电路（Medium Scale Integrated Circuits）；

LSIC 大规模集成电路（Large Scale Integrated Circuits）；

VLSIC 超大规模集成电路（Very Large Scale Integrated Circuits）；

ULSIC 特大规模集成电路（Ultra Large Scale Integrated Circuits）；

GSIC 巨大规模集成电路，也被称作极大规模集成电路或超特大规模集成电路（Giga Scale Integration Circuits）。

集成电路的密度不断提升，让计算机的大小变得“能大能小”“能屈能伸”，计算机的尺寸可以适应越来越多的应用场景。不同的桌面、不同的工作岗位、不同的应用，都可以用计算机来提高工作效率。

“让每个人桌面上都有一台电脑”是当年比尔·盖茨喊出的狂言。

原来只有军方、科研机构才用得起的计算机，成为新的办公用品，桌上摆台计算机是工作的新方式。1943 年，IBM 董事长托马斯·沃森说，“全世界只需要 5 台计算机”，在接到了 IBM 订单之后的比尔·盖茨，志向则是“星辰大海”。

计算机成为企业的办公用品。至此，人类的生产工具从最初的狩猎的弓箭，到农业社会的犁、锄，到工业时代的车床，再到使用鼠标和键盘来操作桌面计算机——人类真正从体力劳动进化到了脑力劳动。如今，不管从事什么工作，似乎都很难离开计算机的支持，计算机越来越高级，人类可从事的工作越来越复杂多样，几乎没有哪个行业的发展可以脱离计算的底层支持。

还记得最早的女性计算员吗？女性原来只能从事区别于男性的工作，男性从狩猎时代、农耕时代到工业时代都一直保持着突出的体力优势，而对于大脑而言，计算机对任何人的能力支持都是平等的，男性和女性的生产力水平第一次站在了同一起跑线上；有了计算机随时随地的支持，人的工作场地不再受农田、车间、办公室的束缚；有了计算效能的支持，大脑的工作效率开始提速，各个行业开始寻求降本增效的新路径。

信息有了单位——bit

计算机的理论奠基人之一香农，最大的贡献是信息论，以及由此提出的度量信息的单位——bit。

1951 年，香农做了一个著名的老鼠实验，他准备了一只机器老鼠以及一个迷宫。这个迷宫有 25 个方格，可以任意放置隔板，也就是可以任意改建这个迷宫，迷宫下面放置了 75 个继电器，这只机器老鼠在迷宫里行走，遇到障碍就返回，如果 6 次进入同一个死路，这个机器老鼠就再也不去那条路，这条死路就被打上了“噪音”标签，而能走通的路，继电器就会把这条路记录下来，老鼠好像也就有了记忆，机器学习到了所谓的“知识”，老鼠的记忆容量有 75 bit。

香农的老鼠和迷宫呼应了图灵关于机器能不能思考的问题，同样也诠释了香农的信息论。香农提出信息是用来消除信息不确定性的东西。

这里就需要解释两个概念了：首先，在计算的世界里，到底什么是不确定？其次，这种不确定性到底如何度量？

如上文所述，人与动物最大的区别就是发明了语言，能够更为有效地沟通。而其实沟通的根本目的就是消除自己所不知道的。那么在计算的世界里，如何去量化甚至精确表示一件不确定的事情呢？这里就出现了人类数学上最伟大的发明：概率论。所谓概率，就是将所有可能出现的结果都穷举出来，并且为每个结果出现的可能赋予一个数值，这个数值表征的含义，就是这个结果有多大的可能性能够出现。以抛硬币为例，正面对应的数值为 0.5，反面对应的数值为 0.5，表示正反面均有 50%的可能性能够出现，这样就能够用一个函数来对抛硬币这个不确定事件有一个统一的表征。而只有有了能够计算的函数，才能够将这个不确定的问题，抽象为计算机可以计算的任务。

实际上，数学家们从自然现象中抽取了很多基本的概率函数，如正态分布、泊松分布、伯努利分布等，它们之间也有着复杂的相互转换关系，但归根结底，这些函数都是用来衡量在不同的假设条件下，每个可能出现的结果有多大的可能性。如果再进一步，将这些概率函数转化为对于整体不确定性的衡量，就是香农做的伟大工作了，他在概率函数的基础上，借鉴了热力学里“熵”的理念，提出了信息熵的概念。

想要系统性理解到底何为信息熵是需要体系化学习的，为了方便读者理解，这里试着用比较通俗的说法，对这个概念进行解读。

从计算的角度来看，信息熵是采用二进制的方法来度量不确定性，它依托于概率函数，将所有可能出现结果的概率与其对数相乘后相加，最终得到一个确定的数值。因为计算机都是采用二进制来计算的，因此信息熵计算里面的对数底，一般来说都是以 2 为底的。因此，信息熵的单位，也是用比特来衡量的。

至于为何要这样计算，其实是香农在首先确定信息不确定性度量应该满足哪些条件后，反推出来的结果，这里不再详述。信息熵越大，表明这件事的不确定性越高；信息熵越小，表明这件事的不确定性就越低。一个系统越是有序，越是可预测，那么它的信息熵就越低。

综上所述，信息是建立在概率基础之上，以不确定性来度量某一信息的信息量。而信息量的基本单位就是 bit。

自此，关于计算和通信的基本单位——bit 就确立了。bit（Binary digit，比特）指二进制中的一位，是信息的最小单位。在需要作出不同选择的情况下，把备选的刺激数量减半所必需的信息，即信号的信息量（比特数）等于信号刺激量以 2 为底数的对数值。

1 字节（Byte）等于 8 位，即 1Byte＝8bit，1KB＝1024B，1MB＝1024KB，1GB＝1024MB，1TB＝1024GB。

其实，香农早在 1948 年发表的名为《通信的数学理论》（*The Mathematical Theory of Communication*）的论文就使用了 bit 这个词。香农很谦虚地把这个创意归功于数学家约翰·图基，他在 1947 年将“二进制信息数字”简称为“比特”。比特出现的意义不仅仅是在通信领域对信息进行了量化，对计算机领域而言，信息的量化同样也适用。

关于信息，就有了 bit 这样一个量化的单位。

计算小知识 登纳德缩放比例定律

登纳德缩放，也被称为 MOSFET 缩放，是一个缩放定律，它大致表明，随着晶体管变小，它们的功率密度保持不变，因此功率使用与面积保持一定比例；电压和电流均按长度（向下）刻度。这个定律最初是为 MOSFET 制定的，它基于 1974 年罗伯特 · H. 登纳德（Robert H. Dennard）与人合著的一篇论文，该定律就是以他的名字命名的。

登纳德观察到，每一代技术中，晶体管尺寸可缩放 30%，这不仅使它们的面积减少了 50%，为了保持电场恒定，电压也降低了 30%，电路延迟减少了 30%。上述影响依次导致电容和选择频率的变化，即延迟减少 30%，允许操作频率 f 增加 40%，因为频率随延迟的 1/4 而变化，所有距离减少 30%和相关面积下降 50%导致电容减少 30%；功耗降低了 50%。

第三章 计算联网

在计算机最初诞生的几十年时间里，追求性能是计算机的核心诉求，以计算为原点，把性能提升上去，以摩尔定律为努力目标，以冯·诺依曼架构为计算的分工节点，把计算本身尽最大能力做好，就是计算的初心。围绕计算而形成的周边以太网、磁盘、数据库、编程语言等，在短短时间里，就完成了一系列的发明创造，搭建起了计算的大生态。

计算机发展所带来的不仅仅是行业本身的发展，还带动了周边一系列经济、文化、社会的创新。

第一节　计算引领创新潮

肖克利带着“八叛逆”来到硅谷之前，美国的创新中心还位于美国东部，这里有众所周知的贝尔实验室，肖克利的晶体管就是在这里诞生的，香农的信息论也诞生于贝尔实验室。随着硅谷的崛起，创新中心迅速从美国东部转移到美国西部，并形成了一个又一个的创新企业，成为新的企业文化发源地。车库文化成为科技公司的创新代名词，因为很多公司在初创阶段，没有资金的支持，只能在便宜的车库里开始他们的工作。原本，车库文化是地下文化的一种，却在随性中得到了升华。惠普、微软、谷歌、亚马逊等都是从车库里走出来的科技巨头。

有了新技术的孕育，还必须有资金的扶持，才能给技术的进步加把火。风险投资这一行业的兴起，最初源于罗伯特·诺伊斯、戈登·摩尔从仙童半导体离开后为他们的技术加持的一股资本力量。风险投资（Venture Capital，VC）简称风投，主要是为初创企业提供资金支持，并取得该公司股份的一种融资方式。著名的VC机构红杉资本于1972年在美国硅谷成立。红杉资本的代表作包括苹果、谷歌、思科、甲骨文、雅虎等。

在这一时期，应运而生的还有证券交易市场——纳斯达克。纳斯达克主要为小企业提供融资平台，于1971年2月8日创建。和传统的证券交易市场不同的是，纳斯达克的特点是收集和发布场外交易非上市股票的证券商报价，为创新企业而生。

纳斯达克股市建立当年，10月13日，英特尔登陆纳斯达克；1980年12月12日，苹果公司在纳斯达克上市；1986年，微软登陆纳斯达克。纳斯达克获得了另外一个称号——“亿万富翁的温床”。

信息技术产业的指数级发展，使得信息技术公司成为华尔街追逐的宠儿，一个又一个造富神话伴随着这个行业的指数级成长而产生。比尔·盖茨、史蒂夫·乔布斯、杨致远、佩奇、布林、马克·扎克伯格、杰夫·贝索斯，他们的励志故事点燃了年轻人心中的梦想。

早先IBM为了培养人才，把计算机以优惠的价格卖给大学，以换取大学开设计算机专业。在计算飞速发展之后，计算机成为高等学府的精英学科，大学生在进入大学填报志愿的时候，计算机是他们最希望学的专业之一。

利益之油也惠及了计算机的各个角落。1976年，美国颁布了现行《版权法》（部分条文于1978年生效、部分条文于1980年生效），开始用知识产权保护计算机软件，这催生了一个新的行业——软件行业。

当然，把软件变成“copy盒子”让软件有了商品的业态，但真正让这个行业有立足之地的，是比尔·盖茨。软件是知识产权，光盘是盒子，越来越多的年轻人开始学习计算机编程。硅谷创造的车库文化，随意的氛围，也创造了一个新生代——“格子衫”码农人群。第一位程序员埃达是女性，第一位发现 Bug 的计算机工程师格蕾丝·赫柏也是女性，因为那时候的男人们更喜欢从事制造计算机的工作。但从这个时候开始，程序员的画风突变。

第二节　个人计算黄金时代

比尔·盖茨把 DOS 操作系统授权给 IBM 之后，又向 50 家硬件制造商授权了 MS-DOS。再后来的故事大家都知道，微软开发出了更易于操作的计算机操作系统 Windows。大家经常提到的 Wintel 联盟就是由英特尔加微软而来（Windows＋Intel）。

英特尔用摩尔定律每 18 个月实现 CPU 处理速度翻一番，微软再升级操作系统，吃掉硬件提升带来的好处，产业界给这个套路起了一个名字，叫“安迪—比尔定律”，安迪（原英特尔公司 CEO 安迪·格鲁夫）努力提升芯片性能，比尔（微软创始人比尔·盖茨）再给消耗掉。

Wintel 生态在 20 世纪的最后 10 年里，几乎完全控制了 IT 领域的发展。英特尔创造算力，微软消耗算力，二者形成了整个行业的默契，更重要的是，他们解决了计算机中最复杂的难题——操作系统和芯片。在知识产权上，微软和英特尔都采用了“保留软件知识产权，同时向其他企业授权”的商业模式，这使得他们的成果能够更快地推向市场，迅速构建起产业生态，推进了个人计算机的普及。

IBM 最早让市场接受了个人计算机（Personal Computer，PC）。

“牵牛星 8800”的出现，让大家知道了计算机可以成为个人消费品。乔布斯也想做出像家用电器一样的计算机，但是不是要买台苹果麦金塔计算机或者其他牌子的计算机，让很多商业用户举棋不定，但当 IBM 的 Logo 打在一台个人计算机上时，效果就完全不一样了。1981 年 8 月，IBM 个人计算机发布，之后的几个月，需求量大到产能跟不上。

随后，康柏在 1982 年推出了兼容 IBM 计算机的计算机。后来，惠普凭借之前在小型计算机领域的基础，也进入了微机市场。

戴尔带来个人计算机供应链创新

对于个人计算机市场来说，价格是一个更重要的决定竞争性的因素。

这时候，在上中学的小伙子迈克尔·戴尔是一个不折不扣的计算机迷。他发现，IBM 的个人计算机售价 2000 多美元，其实核心部件只需要 700 多美元。而且，计算机的批发商买来个人计算机没有办法迅速卖出去，而想买个人计算机的用户又无法在成品个人计算机中选到自己心仪的配置。

于是，在进入得克萨斯大学奥斯汀分校后，迈克尔·戴尔开始了自己改造个人计算机的工作。他从批发商那里将积压的个人计算机低价买回，再升级个人计算机的一些附件，给计算机加上一些特性，如增加内存等，然后再把计算机以低于零售价 10％～15％的价格卖出去。

刚刚上大学的迈克尔·戴尔因此挣得了自己的第一桶金。1984 年初，迈克尔·戴尔注册了自己的公司“PC 有限公司”。他把自己的公司定位于直销，省掉中间的批发环节，让个人计算机价格更有竞争力。这时的迈克尔·戴尔还是从批发商的库存中购买零部件，还没能直接从英特尔手里直接买到CPU。

迈克尔·戴尔清楚，能够直接买到英特尔CPU，加装零部件就可以获取更大利润。他请来了专业的工程师，以英特尔80286（一般称为286）为基础研制了公司的第一款个人计算机，随后将公司更名为戴尔计算机公司（简称戴尔公司）。

戴尔公司的出现，是以Wintel为基础构建的一种全新供应链方式。根据摩尔定律，因为芯片性能的提升，计算机每隔3—5年就需要更新淘汰，戴尔用直销和用户定制的方式与用户直接沟通，可以基于Wintel的节奏来订购计算机零部件，并且以更快的交付速度送到用户手中，这样的供应链效率使库存实现了节约化。以现在的敏捷交付思维来看，戴尔的方式是硬件版的DevOps。只是在那个时候，戴尔的模式是让计算机跟上摩尔定律的步伐，而现在的DevOps是让研发跟上业务变化的步伐。[DevOps是Development和Operations的组合词，根据维基百科的解释，DevOps是一种重视"软件开发人员"（Dev）和"IT运维技术人员"（Ops）之间沟通合作的文化、运动或惯例。通过自动化"软件交付"和"架构变更"的流程，使得构建、测试、发布软件能够更加快捷、频繁和可靠。旨在缩短系统开发生命周期，并提供具有高软件质量的持续交付。]

中国入局个人计算机市场

以Wintel为契机，抓住了个人计算机市场机会的还有来自中国的公司——联想。

新中国成立后，百废待兴，中国也需要计算为各行各业助力。1956年，中国科学院计算技术研究所成立；1958年，中国的第一台通用数字电子计算机试制成功。1984 年，计算所新技术发展公司成立，承担转化中国科学院计算所内科技成果的工作，这家公司就是后来的联想。

20 世纪 90 年代初的联想站在了一个十字路口：是选择主攻芯片走技术路线，还是在计算机社会化分工的大势之下，发挥中国制造的成本优势，打造一个自主计算机品牌？由此引发了联想两大核心人物——总工程师倪光南和总裁柳传志之争。后面的故事，大家就都知道了。

联想在全球计算机市场迅速打开了局面，个人计算机榜单上有了中国品牌的身影。从 1996 年开始，联想计算机销量一直位居中国国内市场首位。2005 年，联想集团收购 IBM 个人电脑事业部，IBM 个人计算机这个曾经承载着历史辉煌的部门成为联想国际化的一部分。2013 年，联想个人计算机销售量跃升世界第一位，成为全球最大的个人计算机生产商。

个人计算机 DIY

20 世纪八九十年代，随着计算机标准化的深入，欧洲、日本等国家和地区也纷纷入局个人计算机市场，全球范围内出现了奥利维谛、日立、东芝、捷威等个人计算机品牌。在中国，除了联想，还有方正、实达、四通等个人计算机品牌。

这些品牌一起完成了计算机行业的全球普及之路，迅速完成了计算机社会化大生产的过程，计算机领域里快速培养出一个新的 OEM（Original Equipment Manufacturer，定点生产，俗称代工）生态。在摩尔定律的推动下，信息技术飞速发展，使产品生命周期缩短，迅速迭代升级，也愈发体现出“术业有专攻”，只有更“专”，才能更强。

计算机行业周边分化出了各个部件的头部品牌，硬盘主要有希捷、西部数据，内存有现代、金士顿、三星等，键盘、鼠标、主板、显示器等部件也都有各自领域的佼佼者。

“牵牛星 8800”是计算机爱好者用英特尔芯片攒出来的，由此在计算圈诞生了一个电脑爱好者群体，如迈克尔·戴尔，从中学就开始拆计算机，再自己组装计算机。很多电脑爱好者喜欢这样自己动手的过程。

除了像迈克尔·戴尔这样的顶级“玩家”，在个人计算机领域，还形成了一个 DIY（Do It Yourself）市场，按照自己想要的配置来买 CPU、硬盘、内存、电源、机箱等配件，组装起来，再自己安装上 Windows 操作系统，一台计算机就组装好了，也自得其乐。

软件越来越重要

前文说过，比尔·盖茨让软件成为信息技术领域的一个细分行业，因为他创造出了一种适合软件的商品业态——盒子。

其实软件是伴随计算机产生而产生的，只不过在计算机产生的早些年，软件并不被重视。在莫奇利建造 UNIAC 的时候，男士对软件还不屑一顾，当时担当编程工作的大部分为女性，冯·诺依曼与许多人一度认为，编写代码是例行工作，可以由薪资不高、技术低的劳动力担当。

IBM 开始在计算市场站住脚的那个年代，软件也并没有得到重视，只是 IBM System 360 的随机赠品，买了硬件，软件与系统支持就都是硬件的捆绑服务，这样的销售模式也是当时的行业惯例。

成长为“蓝色巨人”的 IBM，因为一家独大，也面临“成长的烦恼”：因为在行业内的绝对领先地位，美国司法部对 IBM 进行反垄断调查。被逼无奈，1968 年 12 月，IBM 将软件和硬件分开定价，IBM 自愿将软件和服务拆分的举动并没有得到司法部的同情。1969 年 1 月，美国司法部还是对 IBM 提起反垄断诉讼，这场诉讼持续了 10 多年，直到 1982 年被驳回。

因为对软件一贯的不够重视，计算机软件人才在那个时候比较匮乏，IBM 等计算机公司在 20 世纪 60 年代都普遍出现了“软件荒”，好用的软件太少。1969 年，贝尔实验室推出了“小而美”的操作系统——Unix，出自肯·汤普森与丹尼斯·M. 里奇两位程序员之手，能够为小型计算机提供非常强大的功能。里奇还开发出了 C 语言，来编写应用程序，给 Unix 带来了丰富的可拓展性，Unix 和 C 语言随着计算机系统和应用的丰富，快速成长起来。那时候的几家提供小型计算机的 DEC、SUN、IBM、惠普都选择了 Unix 操作系统。换句话说，Unix 操作系统成了商用计算机市场的一股力量。

Unix 是那个时代的极简主义设计典范，吸引了当时学术机构的注意，越来越多的高校使用 Unix，大量会使用 Unix 和 C 语言的毕业生进入社会，成为 Unix 和 C 语言的生力军。

1983 年，Unix 的设计者肯·汤普森与丹尼斯·M. 里奇，因此获得了图灵奖。

操作系统作为一个直接影响计算系统的软件，其重要性无须多言。每一个计算的发展阶段，都有代表这个时代的操作系统，如个人计算机上的 DOS、Windows，智能手机里的 iOS、Android。每个计算阶段，对软件的要求也不同。

这个时期，不仅仅是操作系统做得越来越与“让每个人桌面上都有一台电脑”这个目标渐行渐近，计算机也开始在越来越多的企业办公效率上发挥作用。在应用的推动下，大量的系统软件和应用软件相继出现，一大批软件公司如 Autodesk、Adobe、BMC、CA 涌现出来，提供的软件应用也从最初的记账、报销等财务应用，逐渐扩展到了 IT 管理、图片处理、绘图等应用，也反过来助推了计算机的成长。

数据需求的起源：数据库

计算机是为计算而生的，而计算是为了把数据处理成信息而生。随着计算机的进步，首先要处理的就是数据，为维护计算机而生的信息化部门如何高效处理数据的组织、存储和管理就提上了日程，于是，数据库就出现了。

ENIAC 等第一批计算机，因为没有存储功能，每次执行新的计算都需要重新编程，输入的原始数据不保存，计算之后的结果也不保存，也没有帮助保存的软件。那个时候连操作系统都没被重视，更别提数据管理了，所以，那个时期还没有数据库。

到了 20 世纪 60 年代，计算机应用从军事、科研进入了企业，数据处理就变成了企业的刚需。数据存在各种文件里，对这些电子化的文件进行有组织的、可共享的、统一管理的大量数据的集合，这就是数据库。

这个时候已经有了磁盘、磁鼓等可以存取的存储设备，操作系统中已经有了专门用于管理数据的软件，但还不能算作数据库，而是叫文件系统，算是数据库的前辈。

但在这一时期，美国正在为阿波罗登月计划全力以赴。为了处理庞大数据量的需求，北美航空公司（NAA）开发出了 GUAM（Generalized Update Access Method）软件。其设计思路是把多个小组件组合成一个较大组件，最终组成完整产品。这种思路是一种倒置树的结构，因此也被叫作层次结构。随后 IBM 加入了 NAA 计划，把 GUAM 发展成为 IMS（Information Management System）系统，并于 1969 年发布，成为第一代层次和网状数据库管理系统。

1970 年，IBM 一个研究员埃德加·科德（Edgar F. Codd）提出了关系型数据库的理论。这个时候，正在为美国中央情报局开发数据库 Oracle 项目（意思是预言家）的拉里·埃利森看到了机会，开发出了 Oracle 1 数据库项目，创建了一个公司叫软件开发实验室。为了强调自己的产品是关系型数据库，他索性给公司改名为关系软件公司（Relational Software Inc，RSI）。后来，Oracle 的产品名气越来越大，公司名字就改成了 Oracle。在进入中国的时候，埃利森选择了“甲骨文”作为中文名，取自古代语言的记录文字——甲骨文。

在很长一段时期内，关系型数据库都是数据库产品中最重要的一员，Mysql、Sql Server 等都是关系型数据库。

随着计算应用不断增多，数据内容不断变化，特别是云计算的发展和大数据时代的到来，关系型数据库越来越无法满足需要，数据库的概念、包含的内容、应用领域都出现了重大的发展和变化。数据库的种类不断繁杂，如分布式数据库、云原生数据库、时序数据库、图数据库、并行数据库、演绎数据库等，针对不同的应用领域，也有了工程数据库、统计数据库、科学数据库、空间数据库、地理数据库、Web 数据库等。

数据库总是与时俱进的。伴随人工智能技术的成熟和发展，数据库也随之变化。2019 年初，谷歌联合 MIT、布朗大学的研究人员推出了新型数据库系统 SageDB，提供了构建数据库系统的一种全新思路。同年 5 月，华为发布了人工智能原生数据库——GaussDB，将人工智能技术融入分布式数据库的全生命周期，针对多种计算的架构并存的形态提出了相应的解决方案。

除了数据种类的不断增多，数据的提供方式也在悄然发生着变化。原本数据库领域是商业数据库的天下，随着开源的不断深入，开源的数据库也渐渐深入人心。由于开源数据库的获取成本比较低，技术标准化进步比较快，且有使用灵活等特点，开源数据库呈现崛起之势，在2021年初，开源数据库超过了商业数据库的数量。

计算小知识　数据库小史

总的来看，数据库的发展历程大致分为以下三个阶段。

第一阶段：网状层次数据库初尝探索

1963年，通用电气公司的查尔斯·巴赫曼（Charles Bachman）等人开发出了世界上第一个数据库管理系统（简称DBMS），也是第一个网状DBMS——集成数据存储（Integrated Data Store，IDS）。网状DBMS的诞生对当时的信息系统产生了广泛而深远的影响，解决了层次结构无法建模更复杂的数据关系的建模问题。

同时期为满足阿波罗登月计划庞大数据量的处理需求，北美航空公司（NAA）开发出GUAM（Generalized Update Access Method）软件。其设计思想是将多个小组件构成较大组件，最终组成完整产品。这是一种倒置树的结构，也被称为层次结构。随后IBM加入NAA，将GUAM发展成为IMS（Information Management System）系统并于1968年发布，成为最早的商品化的层次DBMS。

第二阶段：关系型数据库大规模应用

第一阶段的DBMS解决了数据的独立存储、统一管理和统一访问的问题，实现了数据和程序的分离，但缺少被广泛接受的理论基础，同时也不方便使用，即便是对记录进行简单访问，依然需要编写复杂程序，所以数据库仍需完善理论从而规模化应用落地。1970 年，IBM 实验室的埃德加·科德发表了一篇题为《大型共享数据库数据的关系模型》的论文，提出了基于集合论和谓词逻辑的关系模型，为关系型数据库技术奠定了理论基础。这篇论文弥补了之前方法的不足，促使 IBM 的 San José 实验室启动验证关系型数据库管理系统的原型项目 System R，数据库发展正式进入第二阶段。

1974 年，Ingres 原型诞生，为后续大量基于其源码开发的 PostgreSQL、Sybase、Informix 和 Tandem 等著名产品打下坚实基础。1977 年，Oracle 前身 SDL 成立。1978 年，SDL 发布 Oracle 第一个版本。

20 世纪 80 年代，关系型数据库进入商业化时代。1980 年，关系型数据库公司 RTI（现名 Actian）成立并销售 Ingres；同年，Informix 公司成立。1983 年，IBM 发布 Database2（DB2）for MVS，标志着 DB2 正式诞生。1984 年，Sybase 公司成立。1985 年，Informix 发布第一款产品。1986 年，美国国家标准局（ANSI）数据库委员会批准 SQL 作为数据库语言的美国标准并公布标准 SQL 文本。1987 年，国际标准化组织（ISO）也作出了同样决定，对 SQL 进行标准化规范并不断更新，使得 SQL 成为关系型数据库的主流语言。此后相当长的一段时间内，不论是微机、小型机还是大型机，不论是哪种数据库系统，都采用 SQL 作为数据存取语言，各个公司纷纷推出各自支持 SQL 的软件或接口。同年 5 月，Sybase 发布首款产品。

20 世纪 90 年代，至此，关系型数据库理论得到了充分的完善、扩展和应用。

第三阶段：模型拓展与架构解耦并存

进入 21 世纪，随着信息技术及互联网不断进步，数据量呈现爆发式增长，各行业领域对数据库技术提出了更多需求，数据模型不断丰富、技术架构逐渐解耦，一部分数据库向分布式、多模处理、存算分离的方向演进。谷歌在 2003—2004 年公布了关于 GFS、MapReduce 和 BigTable 的三篇技术论文，为分布式数据库奠定了基础，数据库发展正式进入第三阶段。

步入互联网 Web 2.0 和移动互联网时代，许多互联网应用表现出高并发读写、海量数据处理、数据结构不统一等特点，关系型数据库并不能很好地支持这些场景。另外，非关系型数据库有着高并发读写、数据高可用性、海量数据存储和实时分析等特点，能较好地支持这些应用的需求。因此，一些非关系型数据库也开始兴起。为了解决大规模数据集合和多种数据类型带来的挑战，NoSQL 数据库应运而生，其访问速度快，适宜处理互联网时代容量大、多样性高、流动性强的数据。

传统基于集中式数据库在应对海量数据及复杂分析处理时，存在数据库的横向扩展能力受限、数据存储和计算能力受限、不能满足业务瞬时高峰的性能等根本性的架构问题，而分布式计算和内存计算等新技术能够解决数据库开发和运维过程中遇到的性能不足等问题。分布式数据库的主要技术特点包含如下两类。

一是分布式事务处理。为保障分布式事务在跨节点处理时的原子性和一致性，一般使用分布式协议处理。常用两阶段提交、三阶段提交协议保障事务的原子性；使用 Paxos、Raft 等协议同步数据库的事务日志从而保障事务的一致性。

二是分布式存储。分布式数据库的数据分散在网络上多个互联的节点上，数据量、写入读取的负载均衡分散到多个单机中，集群中某个节点出现故障整个集群仍然能继续工作，数据通过分片、复制、分区等方式实现分布存储。

每个数据节点的数据会存在一个或者多个副本，提供数据冗余。当某个数据节点出现故障时，可以从其副本节点获取数据，避免数据的丢失，进而提升了整个分布式集群的可靠性。

以 Apache Cassandra、Apache HBase 为代表的分布式存储属于基础的数据库，底层存储基于分布式文件系统具备了分片或者分区存储的能力，扩大了普通存储设备存储系统的上限。

以 GreenPlum 为代表的 Shared-Nothing 架构，通过多节点协同工作扩大分布式存储能力的同时，相应地还通过 MPP 架构支持多级并行计算处理，增强查询和分析能力。以 Apache Hive 为代表的支撑分布式计算的数据仓库产品，底层采用分布式存储技术解决数据库的大容量存储问题，通过 Map Reduce、DAG 等分布式计算模型提升计算能力，对复杂分析场景数据库做了性能加速，极大地提高了 OLAP 数据库的处理能力。

以 Kylin 为代表的多维数据库产品，以及以 OpenTSDB 为代表的时序数据库，使用其他分布式数据库作为后台存储，通过构建相应的数据模型和索引技术，扩展成为新的数据库。

其他还包括分库分表等中间件解决方案，严格来说不属于数据库系统，但是提供了分布式数据库解决方案，能够满足合适的业务场景对分布式数据库的需求。

第三节　互联网来了

计算机诞生之初，就被披上了奢侈品的外衣，而且都是由财大气粗的美国军方鼎力支持，70%的大型计算机都是由美国国防部高等研究计划署（Defense Department's Advanced Research Projects Agency, DARPA）资助。因为计算机昂贵，每台计算机只擅长某一个或几个强项，如斯坦福的计算机用来做数据挖掘，盐湖城的计算机用来处理图形，想要数据挖掘就要去斯坦福，处理图形就必须飞到盐湖城，出差是必须的。

为了减少奔波，能更方便地使用计算机，主要是能够远程登录使用其他计算机，DARPA 的领导人约瑟夫·卡尔·罗布尼特·利克莱德有了一个普惠的想法：让这些计算机连起来，这样就可以不用为了使用计算机而奔波了。1969 年，DARPA 的首席科学家拉里·罗伯茨实现了这一愿望，美国西部四所大学的计算机真的连接起来了。这个网络取名为 ARPA Net，后来又改为 ARPANET，也就是我们所称的阿帕网。

利克莱德这个普惠的想法，恰好切中了互联网的要点：能从任何地方接收和发送信息的分布式网络。

然而，当 ARPA 开始向接受 DARPA 资助的研究人员推介这张“网”的时候，遭到了很多人的反对，因为他们担心，与人共享计算机会影响他们的计算机性能，网络流量也是负担（那个时候，电话费、网络费还是很贵的）。所幸，DARPA 是他们这些计算机的经费支付方，经费是他们头顶上的“尚方宝剑”，最终这个便民普惠想法还是实现了。

当然，阿帕网还无法完美实现利克莱德的想法，它毕竟只是一张网络。当时在 ARPA 担任项目经理的罗伯特·卡恩，把博士毕业不久的文特·瑟夫招募到团队里，他们共同制定了 TCP/IP 协议，在《分组网络互联协议》的论文中发表了相关成果，由此构成了互联网的基础体系，成为整个互联网的标准。这个标准一定程度上具有在计算系统里实现各计算单元兼容的意义。在这篇经典论文发表的时候，两人通过掷硬币来决定谁是第一作者，文特·瑟夫的运气比较好。

1991 年，欧洲粒子物理实验室的软件工程师蒂姆·伯纳斯·李（Tim Berners-Lee）发明了一种网上交换文本的方式，创建了 World Wide Web，即万维网，这标志着计算机用户可以从网上获得各种信息，而且可以把每个人拥有的信息传播给其他人。现在，这些事情都已经习以为常，然而只有当真正的互联网到来的那一刻，我们才知道，“秀才不出门，便知天下事”是互联网才可能做到的。

说到这里，可能很多人心中对万维网、因特网和互联网并没有界限感，因为现在人的心中只有“互联网”，“万维网”和“因特网”都已经是被时代抛弃的术语。

但在当时，这三个词说的并不是一张“网”。互联网是线路、协议以及通过 TCP/IP 协议实现数据电子传输的硬件和软件的集合体。万维网是互联网的功能之一，是一个由许多互相链接的超文本组成的系统，通过互联网访问，如浏览网页，就是一个典型的在使用万维网的过程，而发送邮件、用 QQ 聊天等就可能是在使用因特网。因特网是一个专有名词，指当前全球最大的、开放的、由众多网络互联而成的特定计算机网络（采用 TCP/IP）协议族，从这个角度来看，因特网是最大的互联网。

互联网影响下的计算

1991—1993 年，互联网和个人计算机就像一对好兄弟携手并进：访问互联网需要有一台个人计算机，在计算机“浏览器”开启互联网的大门；为了有一个可以看到全球的互联网，越来越多的企业和家庭选择了购买个人计算机。

把互联网和个人计算机连接起来的就是浏览器。

蒂姆·伯纳斯·李和他的团队开发的万维网浏览器功能单一，仅仅能浏览超文本文档，图片、声音、视频等多媒体文档都不能浏览，所以，很快就有了新一代浏览器，代表者就是马赛克浏览器、网景浏览器。

第一款“网红”浏览器是网景浏览器。浏览器作为一款软件，采用了销售软件的通用方式。此时，微软还痴迷于个人计算机市场带来的红利，比尔·盖茨并没有视网景浏览器为竞争对手。在 1995 年发布的 Windows 95 操作系统上，微软取得了马赛克浏览器的使用许可，随 Windows 95 附赠 IE 浏览器（Internet Explorer）。1995 年，网景浏览器的市场份额达到了 70%。

好景不长，比尔·盖茨的大招来了。微软投入重金开发 IE 4.0，以确保其在技术与功能上与网景浏览器保持一致，并在 Windows 98 操作系统上随机赠送 IE 4.0。于是，随着 Windows 98 的装机，IE 成为世界上使用最多的浏览器，微软打开了互联网的大门。

这个时候的微软就像早些年的 IBM，已经被“反垄断”缠身。1995 年，美国司法部禁止微软利用其操作系统的主导地位来遏制竞争。被微软打压的网景于 1996 年向法院起诉，称微软通过捆绑销售的不正当竞争手段，利用其操作系统的垄断地位非法获取浏览器市场的份额。在浏览器的争夺上，微软和网景这一战令微软陷入了 1998 年更大的一场反垄断案。

这场诉讼的核心关键是判定微软是不是构成垄断，具体来说，就是 Windows 和 IE 到底是不是两个产品。微软坚持 IE 和 Windows 是一个产品，以此反驳不正当竞争的指控。

审理此案的法官托马斯·彭菲尔德·杰克逊（Thomas Penfield Jackson）在2000年6月下令将微软一分为二：一部分运营操作系统业务，另一部分运营其他软件业务。之后微软提起上诉。杰克逊被认为在审判过程中带有偏见，在2001年被上诉法院取消了进一步参与该案的资格，由此微软才逃过被分拆的劫难。20世纪90年代，互联网汹涌而来，大量的互联网公司如雨后春笋般冒了出来，获得了资本的青睐。以技术股为主的纳斯达克综合指数在2000年3月攀升到5048点，随即大幅下跌，许多互联网公司的市值蒸发高达80%，这就是发生在2000年的著名的“互联网泡沫”。到2021年，纳斯达克综合指数到了15000点左右。

同时，随着互联网公司的大举突围，开始需要用服务器来完成高质量服务广大用户的任务。英特尔和微软这对个人计算机时代的霸主，又携手进军了服务器市场。

在这里，我们插播一个小概念——服务器（一种管理计算资源的计算机）。服务器是计算机的一种，与普通个人电脑的不同在于，服务器需要能够长时间、无错误地稳定运行，同时其需要完成的计算任务较个人电脑来说更为专一，因此无论是在硬件层面还是软件层面，服务器与个人电脑都有着显著的区别。硬件方面，服务器对于CPU、硬盘、内存等计算资源要求长时间稳定运行，硬件容错率必须满足业务需求，因此服务器专用CPU、专用硬盘、ECC内存等是服务器的标配，尽管系统架构上和个人计算机无异，但每个计算单元都经过了特殊的设计。软件方面，服务器需要专门的操作系统及应用软件，这是和个人计算机完全不同的。服务器旨在面向多用户服务，而个人计算机使用者往往只有一个人，因此整个操作系统及应用软件的设计逻辑就存在显著不同。同时服务器高并发、高可用等的业务要求，也对软件、I/O 等提出了新的要求。

1993 年，英特尔 80586 问世，也就是人们耳熟能详的奔腾（Pentium）处理器，这仍然是针对个人计算机的一款处理器。1995 年 11 月，承载着英特尔进军服务器市场梦想的 Pentium Pro 处理器问世了，这是英特尔首个专门为 32 位服务器、工作站设计的处理器芯片。

秉承着安迪—比尔定律的惯性，在英特尔发布处理器芯片之后的第二年，即 1996 年，微软发布了 Windows 服务器系统 Windows NT 4.0。

这下，“蓝色巨人”IBM 慌了。

在企业计算市场，Unix 小型机一直是主流，IBM、Sun、惠普三分天下，操作系统都是 Unix。Unix 针对这三家分别有三个版本：IBM AIX、惠普 Unix、Sun Solaris。如果一家企业恰恰购买了这三家企业的计算产品，那么，他们就需要有针对这三种产品的全能型系统维护人员。这样看上去就很麻烦，但在他们竞争的时候，这种麻烦还没有对他们的成长构成威胁。

可微软就不一样了。

凭借个人计算机市场的成功，此时的微软已经不是彼时靠 IBM 个人计算机起家的微软了。面对微软凭借 IE 浏览器大举进军互联网领域的局面，IBM 害怕微软的操作系统如个人计算机操作系统一样，要从桌面端侵吞服务器操作系统，而且 IBM 很清楚，他们喜欢用的 Unix 操作系统有多令用户头疼，他们需要寻找一种“用户”“开发者”“厂商”都满意的操作系统，他们选中了一款操作系统——Linux。

Linux 是继承 Unix 操作系统衣钵的操作系统，于 1991 年为了反对

Unix由开源变成闭源而开发，也是历史上最为著名的开源软件。

为了阻止微软的势头，2000年，IBM大笔一挥，用10亿美元联合英特尔、惠普、Oracle等大公司，把Linux带进了服务器市场。

指挥计算的操作系统

如果说芯片是计算机的心脏，那指挥计算的大脑就是操作系统（Operating System，OS）。

操作系统，实际上就是介于机器和使用者之间的中间层。面向用户，它需要提供一个可供用户使用及开发软件的统一环境，在这个环境下用户不需要担心底层硬件工作方式和使用的语言，只需要关心应用本身就可以了；面向机器，它需要提供一套完整的资源调度管理体系，需要将机器工作的语言和逻辑翻译成人们所能直接理解的，同时对底层复杂的算力系统实现统一的管理和调度。一般来说，一个操作系统主要包括内核和人机交互界面两个最主要的部分。

内核是操作系统最基本的部分。它是为众多上层的应用程序提供对计算机硬件的安全访问的软件，这种访问是有限的，并且内核决定一个程序在什么时候对某部分硬件操作多长时间。内核的分类可分为单内核和双内核以及微内核。

大家在日常中对操作系统最直接感受到的是人机交互的方式，也就是人如何控制机器，让机器听懂人的命令。操作系统换代，也经常是因为交互方式发生了革命性的变化，如从电路开关、纸带、键盘鼠标再到触屏模式。

巴贝奇那台穿越的分析机，以及霍列瑞斯的制表机，都是用打孔卡片来进行人机交互。后来，有了键盘和屏幕，人机交互的方式变成了直接的字符输入，如DOS操作系统。

这些人机交互的方式，比起之前的电路开关和纸带已经好多了，但说起来都还不算友好，因为使用者必须经过专业训练，才能对计算机进行输入、输出。不过，对于企业用户而言，维护计算系统的人员都是专业人员，已经具备了专业知识，所以，他们的用户界面可以是更复杂的交互。在进入云计算之后，操作系统就变成了更广义的云操作系统，需要管理数量更多、功能更复杂、架构更多样的计算机，操作系统随之复杂，但这些对于操作人员来说，可管理性比易用性更重要。

亚里士多德认为，人有五种感觉：视觉、听觉、嗅觉、味觉和触觉。眼睛、耳朵、鼻子、嘴和手共同完成了五种感觉的体验。在计算机的架构上，输入和输出构成了计算机的I/O系统（Input/Output，输入/输出）。跟人的输入、输出最接近的方式，就是人最自然的人机互动方式。

现在，大家比较熟悉的个人计算机操作系统，就是目前使用比较多的Windows和macOS图形用户界面操作系统，主要是用键盘和鼠标来进行输入，与之前的交互方式相比，直观可见、所见即所得的图形界面，让计算机内部的应用浮现在计算机屏幕之上，降低了计算机的使用难度，这也是个人计算机能够普及的重要因素。

键盘的输入方式一直延伸到了手机上，所以在手机诞生之初，手机主要用键盘进行操作，用拨号键盘完成人机交互。

手机是为通信而生的，因此首先要实现的是把固定电话移动化的需求，打电话是主要功能。手机市场原本是由来自通信的一股力量主导，这个行业的领军者是诺基亚、摩托罗拉、RIM等。它们对智能手机已经有了多种探索，虽然也作出了Symbian、Windows Mobile、黑莓

（Blackberry）等手机操作系统，把计算机的全键盘布局也搬到了手机上，但并没有让所有人觉得，这就是“我想要的那个手机”。

iPhone 出现后，多点触摸的方式令人眼前一亮，放大、缩小、重力感应，都给人带来了前所未有的使用体验。业界突然惊醒：原来这才是智能手机应有的样子。iPhone 创造了一个新的操作系统——iOS，iOS 突破了键盘和鼠标思维，用多点触摸实现了更贴近人自然习惯的人机互动，让手机真正智能起来。后来又出现了 Android 操作系统，同样是用触摸来进行人机互动。

就像爱迪生发明电灯泡，其实第一个电灯泡并不是爱迪生发明的，但直到爱迪生发明出好用、易用、便宜的电灯泡，人类才进入照明时代。电话与此类似，贝尔也不是第一个发明电话的人，但让电话真正成为“电话”，“这个功劳要归功于贝尔”。iPhone 承担的角色也一样，好用、易用的智能手机让“智能手机”这个词不复存在，以后世间“手机”就是手机，都是智能的。

随着智能手机的进化，其与人的密切性越来越强，语音也渐渐进入了人机互动行列，手机上的语音助手也成为标配，因为人和人的交流最初始的方式就是语言，语音操作也是人和机器最自然的沟通，如 iPhone 上的“Siri”、小米手机上的“小爱同学”、亚马逊的“Alexa”、微软的“小娜”、三星的“Bixby”、华为的“小艺”等，这些语音助手就是用语音进行人机互动的方式。

人和机器的互动方式在人工智能的驱动下，越来越接近人与人的自然交流方式，不管是老年人，还是小孩子，不需要学习，上手就可以与机器进行交流。降低人机交互门槛的计算设备，打开新世界大门的是——手机。

而随着计算的不断渗透与计算能力的层层覆盖，能计算的不只是手机、个人计算机，手表、电视、音响、冰箱、洗衣机等都有了计算模块。渐渐地，操作系统要调度控制的机器越来越多，操作系统的种类也越来越多。

这些计算终端、计算形式都是跟人直接关联的，还有在后端指挥着计算的操作系统——云计算的“云”，实际上成了新的操作系统。“云”之下的计算越来越复杂，这种复杂，不仅仅是计算机器的多样化、应用软件的多样化，也有各种碎片化操作系统的统一调度化。所以，操作系统的内涵、外延变得更加复杂。简单来理解，就是手机有手机的操作系统，计算机有计算机的操作系统，服务器有服务器的操作系统，数据中心又有数据中心的操作系统……在应用实现的时候，要在这些不同的计算节点之上，再做到统一的灵活调度，复杂是可想而知的。

操作系统“碎片化”现状，导致数字基础设施产生大量隔阂，不得不面对彼此间生态割裂、应用重复开发、协同烦琐的挑战。数字化新时代呼唤新的统一操作系统。操作系统不仅仅要满足好用、易用的要求，还需要得到生态的支持，需要把“朋友圈”做大。

华为基于“鸿蒙＋欧拉”两大操作系统来打造数字世界的生态基础。鸿蒙是面向万物互联的智能终端操作系统，应用于智能终端、物联网终端、工业终端；欧拉是数字基础设施的操作系统，应用于服务器、云基础设施、边缘计算、嵌入式等。两个操作系统可以满足覆盖数字世界全场景的需求。

鸿蒙和欧拉还用了最开放共享的“开源”来做大“朋友圈”。欧拉和鸿蒙已经实现了内核技术共享，在这样的整体思路下，搭载欧拉操作系统的设备可以自动识别和连接鸿蒙终端；后续将进一步在安全 OS、设备驱动框架以及新编程语言等方面实现共享。通过能力共享、生态互通，“鸿蒙+欧拉”可以更加无缝地服务数字全场景。对于终端使用者而言，学习各种终端的操作可以达到零成本；对于专业人员来说，进行后端的调度也可以更简单、便捷。

iPhone 引发的 Wintel 溃败

iPhone 横空出世，是史蒂夫·乔布斯写就的创世神话吗？

当然不是，乔布斯只是回应了时代潮流的那个人。iPhone 之所以让人觉得“横空出世”，是因为乔布斯是把 iPhone 做成了计算终端，而通信只是 iPhone 的其中一个功能。

互联网的大门需要有更方便的终端来打开，尽管已经有了个人计算机，也有了可以移动的笔记本电脑，但是，随时随地接入网络还不够便捷，所以，把最长时间握在手里的终端变成计算终端最合适不过，上网的最佳计算终端就是手机。

iPhone 在选择处理器的时候，遗憾地发现其实并没有什么选择。那时候的手机，是诺基亚和摩托罗拉的天下，手机芯片的主角是基带和射频芯片，计算的需求很小，只要能满足玩“贪吃蛇”和“俄罗斯方块”这样的游戏就够了，手机处理器的计算性能不强，而且以满足通话功能为主，基带和射频芯片保证了手机的通信功能，计算不重要。

计算的高性能是苹果公司想要的，但是苹果公司的托尼·法德尔极力主张采用基于 Arm 的架构，因为 Arm 架构的芯片更简单，而且能耗低、省电。

一直以来，英特尔芯片都是放在计算机里用，因为有电源的接入，英特尔设计的芯片更在意计算释放，不太在意电池的续航时间，即便是笔记本电脑，在那时续航时间也是以小时来计算的。但在手机里就不一样了，作为一部移动通信设备，续航必须是首要考虑的，否则就不是移动的手机了。英特尔推出了低电压版的处理器 Atom。但是，低电压也无法与 Arm 架构的低能耗相抗衡。

同样，Windows 操作系统虽然有着广泛的开发者基础，但是 Windows 并不是一个适合手机这种尺寸以及应用场景的操作系统，且人机对话的方式不满足多点触控的需求。即便微软开发出了针对手机的操作系统 Windows Phone，又斥资 71 亿美元收购了手机老牌巨头诺基亚，诺基亚全面使用 Windows Phone 操作系统，以期能够有一个完美适配 Windows Phone 的手机，但事与愿违，还是没能打开 Windows 在手机上的局面。

面对手机这种新的计算形态，Wintel 联盟的效应没能延续。Wintel 联盟的黄金组合在移动终端市场大势已去，辉煌不可复制。

事实上，乔布斯和英特尔的团队已经有了深入的沟通和交流，而且也取得了一定进展。但是乔布斯不能接受的是，英特尔已经是一家大公司，行动速度不够快，而且他担心英特尔把跟苹果公司的合作成果转手卖给其他竞争对手，毕竟英特尔是一家平台型的企业。

最后，追求完美的乔布斯选择了获取 Arm 架构授权，并收购了一家拥有 150 人团队的芯片设计公司 P. A. Semi，设计了一款定制的系统单芯片 A4，把处理器、显卡、移动操作系统和内存控制都集成在一个芯片中，由三星公司在韩国制造。

2007 年 1 月 9 日，乔布斯发布 iPhone，移动计算的大门开启了。

Arm 是谁?

Arm 其实并不是一家新公司，它早在 1978 年就成立了，最开始，

Arm 并不叫此名，而是称自己为 CPU，但此 CPU 非彼 CPU，是 Cambridge Processing Unit（剑桥处理器公司）的缩写。1979 年，它改名为 Acorn，主要卖廉价的计算设备。计算设备必须要有 CPU，而当时生产 CPU 的主要有英特尔、AMD 和摩托罗拉。摩托罗拉的 CPU 太贵，英特尔当时的产品 80286 又不卖给他们，万般无奈之下，Acorn 选择了自己制造 CPU。于是在 1985 年，一款使用了 RISC 指令集、名为 Acorn RISC Machine 的 CPU 诞生了，简称就是 Arm。1990 年 11 月 27 日，因为 Acorn 财务出现状况，分割出 Arm 公司。

Arm 公司的经典之作就是 Arm 架构（Advanced RISC Machine），也就是更早时候叫作 Acorn RISC Machine 的架构，是一个精简指令集（RISC）处理器架构家族。因为这个架构有低功耗的特点，被广泛地使用在众多嵌入式系统设计中。

与英特尔自己拥有 x86 架构，自己设计、生产 x86 芯片不同，Arm 跟英特尔是完全不同的商业模式。Arm 主要是以 IP 的设计和许可来实现其商业模式，本身并不从事生产和销售实际的半导体芯片。Arm 向自己的合作伙伴（包括半导体公司和系统公司）授予 IP（知识产权）许可证。

半导体公司从 Arm 购买其设计的 IP，根据各自不同的应用领域，加入需要配合的外围电路，从而形成自己的 Arm 微处理器芯片。这些合作伙伴需要向 Arm 支付原始 IP 的许可费用，并为生产的每块芯片交纳版税。

除了 IP，Arm 还提供了一系列工具、物理和系统 IP 来优化系统，因为 Arm 在全球有广泛的支持，因此 Arm 技术还获得了更多的第三方工具、制造、软件的支持，从而使得整个系统的使用成本大大降低了，产品更容易打入市场，且易于被消费者接受。

在移动计算的形态兴起之时，性能不是移动终端的主要诉求，而且又受制于电池技术的“天花板”，因此续航成为一个重要的衡量指标。因为低功耗、省电，移动计算选择了 Arm 架构，这个在之前可能并不算成气候的技术，在此后一发不可收拾，从移动计算又进军了数据中心。

围攻 iPhone

iPhone 的出现，一洗乔布斯在个人计算机市场的耻辱（乔布斯创办了苹果公司，是最早的个人计算机市场的一员，乔布斯后来把百事可乐总裁请到苹果公司开拓市场，但因为市场战略分歧，乔布斯被赶出苹果公司。1996 年，苹果公司被微软打压得一塌糊涂，董事会又请回了乔布斯）。随后，重磅产品接踵而至。iPhone 获得巨大成功之后，乔布斯又在规划一个介于笔记本电脑和 iPhone 手机之间的终端，可以用来很好地浏览网页、电子邮件、照片、视频和电子书，它就是 iPad。

这个时候，英特尔也在推 Atom（凌动处理器），它是英特尔历史上体积最小和功耗最小的处理器，英特尔为 Atom 定义了一个市场——上网本：低功耗和能够上网的移动电脑设备，重量比笔记本电脑小，性能逊于笔记本电脑，价格比笔记本电脑低。

iPad 本可以采用英特尔芯片，但苹果公司和英特尔因为价格没谈妥，再次失去合作机会，乔布斯的控制欲导致了这样的结果，他想要控制产品的每个环节，包括芯片。于是，苹果公司升级了 iPhone 上的 A4 芯片的主频和内存，并且又在 iPad 上披挂上阵了。

iPhone 和 iPad 就像是给产业界的两记重拳，一个做计算机的公司，来通信的圈子里了，不仅仅是英特尔和微软这些本在计算领域的玩家慌了，慌张的还有通信圈。

通信和计算原本是两个圈子，通信的一脉相承是从电报开始的。前面讲过，电的第一个杀手锏级应用是电报，通信从电报的没有交互的单点传递开始，再到电话的点对点的语音传递，之后又经历了从有线电话到移动电话的演进过程。在这个圈子里，头部力量是 AT&T、法国电信、英国电信、爱立信、诺基亚、摩托罗拉这样的通信企业，它们都有着悠久的历史。随着互联网的发展，网络技术随之成长，思科、华为等公司迅速崛起，但通信圈子就是通信圈子，计算圈子就是计算圈子，大家并没有太多交集。

走进移动互联网时代，自手机从移动电话变成移动计算终端开始，计算和通信就渐渐分不出界限了。以前，IT 是 IT（Information Technology），CT 是 CT（Communications Technology），而自移动互联网开始，大家都觉得，通称为 ICT（Information and Communications Technologies，信息与通信技术）比较贴切。做计算机的苹果公司做出了手机，那通信圈的就一定不进入计算圈吗？

高通创始人艾文·雅各布自诩在创建高通公司的时候，给公司起了一个好名字：QUALCOMM。QUALCOMM 本来是"Quality Communications"（高质量通信），但随着移动计算的兴起，Quality Computer 对于高通来说是一个更大的舞台。Communications 和 Computer 都是以 COM 开头的单词，高质量的通信和计算，QUALCOMM 通吃。

1985 年，高通创立，它是因无线通信而生的，创办提供"Quality Communications"（高质量通信）的公司是艾文·雅各布与其他 7 位创始人的共同目标。他们推出了用于无线和数据产品的码分多址，也就是

CDMA 技术，国际电信联盟把它选为 3G 背后的技术。在之后的 4G、5G 移动通信领域，高通的技术都有举足轻重的意义。可以说，移动互联网的开启，高通功不可没。

和英特尔一样，高通同样专注于芯片领域，但它们并不是“同路人”，高通的芯片主要是用于满足手机的通信功能，英特尔的芯片聚焦的是计算机的计算功能。在英特尔于 2008 年 3 月发布了新的低功耗处理器家族 Atom 之前的 2007 年 11 月，高通推出了 Snapdragon 处理器（2012 年将其中文名称定为“骁龙”），这是一颗不折不扣的计算芯片，结合了无线连接、多媒体播放、超快数据处理等功能。

换言之，高通把一只手伸进了英特尔的市场，骁龙处理器采用的是 Arm 架构，做通信市场做惯了，自然就会更重视低功耗、高续航时长这样的性能。

来势汹汹的苹果公司让通信阵营乱了阵脚，却没能形成一股阻挡苹果公司的势力。计算圈、通信圈都努力了，但在 21 世纪的第一个 10 年，计算设备主角已经从个人计算机移交到了手机上，为移动互联网而生的设备，首先是计算，其次才是通话。真正对苹果公司起到威慑作用的一股力量是来自新兴互联网的力量。

2007 年 11 月，互联网公司谷歌开发出移动操作系统 Android，并开放源代码，以求最大范围地扩大社交圈，以应对苹果公司带来的巨大竞争压力。

根据 Wintel 的成功模式经验，有了操作系统，还需要一个芯片供应商来完美地适配 Android，Android 最佳搭档出现了，这就是高通 QUALCOMM。

骁龙处理器很快就形成了自己的“朋友圈”。摩托罗拉、HTC、三星、LG这些原本通信圈的好朋友马上聚集了起来，还有来自个人计算机圈子的联想、华硕等，都推出了基于Snapdragon的产品，要么是跟iPhone竞争的手机，要么是跟iPad竞争的平板。

值得一提的是，骁龙和安卓带来的是一个移动互联网爆发的新的市场机会。3G、4G网络迅速铺开，大量计算设备厂商涌入，智能手机迅速降到了千元人民币，大大降低了移动互联网的门槛，多点触摸的人机互动方式，老少皆会用。移动互联网的春天来了。

隐藏在芯片里的指令集学问

Arm架构为什么在移动计算时代突然有了优势？不管是低能耗，还是省电，其根源都在指令集上，也就是最基础的层面决定了Arm与英特尔之间的差异。

指令是芯片实现计算功能的最小逻辑单位，如同基础的积木块。芯片正是通过把不同的积木块指令集搭在一起来完成复杂的计算任务的，而把各种功能的指令合在一起形成的集合就叫作指令集（Instruction Set）。

在芯片里，指令集是芯片的核心，担当了硬件和软件的重要接口，因此各大芯片厂商都会依托自己的底层硬件推出各具特色的指令集，而这些指令集的复杂程度是完全不一样的。

指令集主要分成了两个大类：复杂指令集CISC（Complex Instruction Set Computer）和简单指令集RISC（Reduced Instruction Set Computer）。从名字就可以看出，这两个指令集的复杂程度是不一样的。这里用一个例子来说明两者的不同。假设要完成“把大象放到冰箱里”这样一个任务，那么在RISC指令集中，这个任务可以分解为三个指令：

第一，打开冰箱门；第二，把大象装进去；第三，关上冰箱门。而在CISC指令集中，这样一个任务则可以由一个指令来完成：把大象放到冰箱里。RISC指令的每一条都是相对“简单”的指令，而CISC指令则每条都完成“复杂”的工作，因此得名。

这就好比在解答应用题的时候，RISC写出了应用题解题过程中的每个步骤，而CISC则没有把解题过程透明化，而是直接告诉了应用题的答案，省略了解题步骤。

从提出的时间可以看到，RISC被提出以后才将传统的指令集系统称为CISC。尽管CISC提出得早，但和其理念完全不同的RISC与它其实并不是你死我活的关系，只不过是在发展的道路上分道扬镳，渐行渐远。

最早的指令集都被称为CISC指令集，但CISC的合理性其实很早就开始被质疑了。1975年，IBM公司设在纽约Yorktown的Thomas I Wason研究中心就开始组织力量研究指令系统的合理性问题。1979年，美国加州大学伯克利分校也开展了这一研究。无论是产业界还是学术界都发现了CISC日后的隐患：日趋庞杂的指令系统不但不易实现计算，还可能降低系统性能。

实验结果显示，CISC存在许多缺点。

首先就是使用效率问题。在运算过程中，计算机里的各种指令的使用率相差悬殊：一个典型程序的运算过程所使用的80％指令，只占一个处理器指令系统的20％。最频繁使用的指令是取、存和加这些最简单的指令，那些复杂的指令实际上大部分都在那里“打酱油”，并没有在工作。这样一来，二八定律（由意大利经济学家帕累托于1897年提出的经济学定律）居然在计算机上成了普遍问题——在所有的指令集中，只有20%最常用，80%基本上罕有问津。

另外，难以避免的是，超大规模集成电路（Very Large Scale Integration Circuits，VLSIC）尽管已达到很高的水平，但也很难把CISC的全部元件做在一颗芯片上，这也妨碍了单片计算机的发展。在CISC中，许多复杂指令需要极复杂的操作，这类指令多数是某种高级语言的直接翻版，因而通用性差。由于采用二级的微码执行方式，它还降低了那些被频繁调用的简单指令系统的运行速度。

面对CISC的这些缺陷，美国加州大学伯克利分校教师大卫·帕特森等人提出了RISC的设想，即指令系统应当只包含那些使用频率很高的少量指令，并提供一些必要的指令以支持操作系统和高级语言。按照这个原则发展而成的计算机被称为精简指令集计算机。RISC提出之后，人们才赋予了传统指令集一个正式的名称——Complex Instruction Set Computing，也就是CISC复杂指令集。

IBM的成名之作System 360等，都采用了CISC复杂指令集。当然，在System 360等出现的时代只有CISC复杂指令集。

其中，最经典的CISC复杂指令集是x86，泛指英特尔一系列处理器的指令集架构，最早可以追溯到1978年面市的“Intel 8086”CPU。英特尔的处理器早期命名都是以数字来表示的，Intel 8086、80186、80286、80386以及80486，因为都是以“86”来结尾，所以就被叫作“x86”架构。

由此可见，x86是CISC架构中很重要的一种。

英特尔为什么不用RISC架构

说到这里，大家肯定会有一个疑问，CISC架构有缺陷，那英特尔不清楚吗？

实际上，当年英特尔作出选择的时候，指令集争端还没有开始，CISC是大家的共识。在接下了IBM的个人计算机业务后，英特尔基于之前研发的C4004处理器生产出了著名的8086处理器。在这个处理器制造出来后，RISC刚刚崭露头角，因此对于当时的英特尔来说，CISC似乎是唯一的选项。尽管RISC出现之后，业内对其未来发展出现了一边倒的赞扬，但实际上当时个人计算机刚刚起步，市场空间和前景极为庞大，如果选择使用RISC重新开发个人电脑芯片，无异于放弃个人计算机市场的先发优势，可能给英特尔的发展带来巨大的不确定性。

更重要的是，在IBM小型机时代，兼容就成了计算机市场的不成文规定，各种接口、软件、硬件都遵循着这一规定。实现标准化、统一性、一致性，是行业共同快速前进的“行规”，兼容性恰恰可以解决这一问题。直到今天，信息技术领域的标准化仍然都是以事实标准（指非由标准化组织制定的，而是由具有领先地位的企业共同制定、被市场实际接纳的技术标准）为主。

兼容是为了构建更为强大的产业生态。英特尔的上下游企业让自己的生态圈都可以兼容英特尔的技术，在那个情况下更重要。况且当时的个人计算机用户已经有不少了，加上市场惯性，英特尔至少可以坚持开发两三代产品以满足这部分个人计算机用户的需求。在这样的情况下，英特尔毅然决定继续开发x86，于是80286和80386等产品依次出炉。后来的事情大家都知道了，英特尔依靠和微软共同搭建的Wintel联盟，雄霸个人计算机市场，坚定了其在x86市场继续发力的决心。

RISC在当年确实也没有得到重视，虽然是由IBM最先提出，但由于没有推进，高性能的RISC并没有进入通用个人计算机市场，甚至连专利都没有注册。

还记得那个1979年在美国加州大学伯克利分校研究CISC复杂指令集缺陷的团队吗？在大卫·帕特森的带领下，他们于1981年起草了RISC-1，它正是今天RISC架构的基础。

1990年，帕特森与约翰·轩尼诗合著了《计算机体系结构：量化研究方法》(*Computer Architecture*：*A Quantitative Approach*)，对RISC的理念作了进一步的阐述，带给学术界和产业界深层次的思考和影响。2018年3月22日，约翰·轩尼诗和大卫·帕特森因为开发了RISC微处理器并且让这一概念流行起来，获得了2017年的图灵奖。

面对这种情况，英特尔也坐不住了。英特尔在x86架构驰骋，却也没有放弃尝试RISC。1989年，英特尔秘密开发了基于RISC的处理器80860，想做点尝试。但问题是，谁用呢？个人计算机已经是x86架构了，而RISC连兼容的操作系统和软件都没有，要从头开始去建立生态系统和软件圈子，当时的英特尔并没有把握。但英特尔决定多做一代试试看，于是不久之后推出了新的80960处理器，依旧是RISC架构，向下兼容80860。但非常遗憾的是，这两代产品尽管是技术的宠儿，但却都成了市场的弃子。在此情况下，英特尔放弃了尝试。

第四节　互联网进阶到云计算

云计算是一种通过网络统一组织和灵活调用各种ICT信息资源、实现大规模计算的信息处理方式。云计算利用分布式计算和虚拟资源管理等技术，通过网络将分散的ICT资源（包括计算与存储、应用运行平台、软件等）集中起来形成共享的资源池，并以动态按需和可度量的方式为用户提供服务。用户可以使用各种形式的终端，如个人计算机、平板电脑、智能手机甚至智能电视等，通过网络获取ICT资源服务。

这是中国信息通信研究院在2012年对云计算下的定义，在那个时候，云计算刚刚从萌芽期进入探索期。

现在，大家都已经习惯生活在“云”里，云上学、云逛展、云直播……特别是在新冠肺炎疫情之后，生产、生活受到很大影响，工作方式、社交习惯已经发生了很大改变，用“云”来描述我们生活、工作方式的变化，成为大家对数字技术最直观的表达。

云计算到底是什么？云计算跟互联网是什么关系呢？

要知道，人们使用“云”上的服务，需要有5G或者Wi-Fi网络，它们所提供的是终端用户接入网络的能力。手机和计算机提供的是终端，让它们互相连接起来是互联网所实现的初级阶段，只是联了起来显然是不够的，基于联网状态能够让终端用户得到易用、好用、随时随地可用的应用、计算、存储服务，才是云计算的设计初衷。因此，可以说，云计算是互联网的进阶版。

互联网到云计算，发生了什么

互联网发展到移动互联网阶段，手机拥有了随时接入互联网的入口，计算能力又给手机加持，手机行业以前所未有的速度完成了产业化，手机界的大洗牌来了。

诺基亚走下了手机的神坛。凭借着安卓操作系统和骁龙芯片，三星、摩托罗拉、HTC等手机厂商马上借势追击，开始争抢昔日巨头诺基亚的市场。然而，移动互联网的风口上又出现了一波新势力——来自中国的力量。

中国有全球最大的手机市场，中国还带来了手机全新产业化，出现了新生的小米、OPPO、VIVO、努比亚、荣耀等手机品牌，不仅如此，华为、中兴等过去在运营商市场做白牌手机的通信厂商也强势来袭，这个市场一下子热闹起来了，手机成为最普遍的计算终端，而且不仅仅是计算终端，还都处在移动网络中，打破了计算和通信之间的边界。这一切的开始还要从互联网说起。

互联网发展最初，也就是现在被称作 Web 1.0 的时期，主要以门户网站、搜索引擎和电子商务三大类型为主。门户网站以雅虎为代表，中国学习引进后诞生了新浪、搜狐、网易；搜索引擎以谷歌为代表，中国的搜索引擎是百度；电子商务在美国以亚马逊、eBay 为代表，中国诞生了阿里巴巴、京东。在 Web 1.0 时期，美国的互联网在服务方式和商业模式上起到了引领作用。

到了 Web 2.0 时期，博客、社交媒体等兴起，内容生产主体变成了网民。2000 年，互联网泡沫破灭，给热火朝天的互联网泼了一瓢冷水。2001 年的“9·11”事件让美国陷入恐慌，灾难亲历者面对“9·11”事件的废墟，想去表达、发布自己的亲身体验，选择了用博客来记录，博客正式步入主流社会的视野。2004—2006 年，脸书（Facebook）、YouTube、推特（Twitter）相继诞生，互联网信息传播模式进入了实时分享阶段。在中国，推特的中国版——微博出现，而优酷、土豆、爱奇艺、腾讯视频等纷纷争当“中国版的 Youtube”。

转折点发生在 2008 年 6 月底，中国网民达到 2.53 亿人，网民数量首次超过美国，跃居世界第一位。这个时间点正是智能手机普及的阶段。

互联网背后的技术：网络

拜摩尔定律所赐，20 世纪末的最后 10 年，计算的增长方式用爆炸式来形容不足为奇，互联网的快速成长带动了互联网基础设施的建设，以思科为代表的网络公司的发展也势如破竹。

思科是一个典型的诞生于斯坦福大学的公司，思科的标志就是从旧金山的金门大桥而来，名字也是旧金山英文 San Francisco 的最后 5 个字母。斯坦福两个不同系的计算中心主管莱奥纳多·波萨卡和桑迪·勒纳谈恋爱，两个人当时在计算机上写情书，再发给对方，因为各自管理的网络不同、设备复杂、协议复杂，于是，他们发明了“多协议路由器”。他们是为了写情书发明的路由器。这只是一个传说，但确实反映了当时的现实：网络设备厂商采用的网络协议不同，哪家都不愿意为其他家妥协，在那个互联网不普及的阶段，大家也不在意网络协议的重要性。

后来，莱奥纳多·波萨卡和桑迪·勒纳结婚了。1984 年 12 月，思科系统公司成立。一年之后，思科推出了自己的第一款产品，不需要任何的市场推广就收获了一大波客户，在互联网刚刚起步的好时候，刚需就是对思科产品的最好解释。

1990 年，思科成功上市。2000 年，思科的市值一瞬间就超过了微软，成为那个时候市值最高的公司。思科一天的股票交易额超过了整个中国股市当时的交易额。但“9·11”事件之后，思科市值一度大幅缩水。

思科这样所向披靡，那思科的竞争对手是谁？是阿尔卡特—朗讯、北电网络，还是 Juniper 瞻博网络？

阿尔卡特—朗讯和北电网络都是因电话业务而诞生的公司，属于通信行业的老牌企业，公司历史都可以追溯到 19 世纪，业务也是以程控交换机为主，与思科完全不在一个领域。对思科来说，尽管他们已经是百年老店，但这并不对自己构成威胁。尽管华尔街把它们看成了思科的竞争对手，可来自19世纪的竞争对手对思科来说不值一提，这两家公司后续因为被收购或破产而退出了历史舞台。

Juniper瞻博网络和思科相比，产品有竞争关系，Juniper瞻博网络主打高端产品，产品覆盖范围不及思科广，但是从财务数据上来看，Juniper瞻博网络就像是思科的一个小弟，思科手持大把现金，随时都能以现金收购的方式消灭自己的竞争对手。但思科偏不，让Juniper瞻博网络一直存活，就是为了避免反垄断法带来的麻烦，有个竞争对手，就不涉及行业垄断问题。

思科风头正盛的时候，1995年，约翰·钱伯斯就任思科总裁兼首席执行官，并开始尝试一种新的创新手段。思科以手握大把现金、可随时并购小公司著称，这些小公司的创办者大都是思科的早期高管或技术骨干，他们离开思科，会针对思科的周边业务进行创业，思科最喜欢的就是把这些小创业公司买回来，正好填补新的技术领域。思科用这样的方式，保持了公司的技术创新态势。

所向披靡的思科，真正让它感受到威胁的是一家来自中国的公司——华为。

1987年9月，任正非集资2.1万元在深圳注册成立了华为技术有限公司，业务范围是香港康力公司的HAX模拟交换机的代理商。任正非的第一桶金是凭借背靠香港、身处深圳，以地理位置优势做代理而来的。当时，原邮电部发展的方向是购买国外的设备，或者以建立合资企业的方式进行技术转让和合作。就在交换机卖得最好的时候，华为迎来的却是“不供货”的通知。任正非意识到，只做代理商不是立身之本，技术才是企业的根本。在这样的主、客观条件下，任正非选择了自主研发的道路。1991年9月，华为开始研制程控交换机；12月，首批3台BH-03交换机出货。1992年，华为的销售收入突破亿元大关。

这时候的华为，根本入不了约翰·钱伯斯的眼。但随着华为的成长，以及产品线的丰富，华为在网络产品上的发力渐渐让思科感受到了竞争的存在。

为什么云计算从谷歌诞生

互联网出现之后，让众多的用户方便地接入互联网是这个时候企业信息化的主要工作，这也恰恰说明了思科的生意为什么能高歌猛进。

有了互联网之后，大多数企业想壮大自己的信息化部门，思路很简单：自己买硬件建机房。需求大的大企业就采用机房租用的方式。企业要有专业的人员来运行和维护机房，服务器、机柜、带宽、交换机、网络配置、软件安装等诸多事项都要有人来维护。

企业忙着接入互联网，迅猛发展的互联网公司忙着让用户访问互联网，互联网公司一跃成为服务器、网络等基础设施采购的大户，因为它们要支撑庞大的用户群来访问它们的网站。一些公司也开始致力于开发具有大规模计算能力的技术，如虚拟化、分布式计算等，满足更大的计算处理服务需求。

谷歌（Google）成立于1998年9月，也是一家从斯坦福大学走出来的公司，拉里·佩奇和谢尔盖·布林曾是斯坦福大学的学生。2004年8月19日，谷歌在纳斯达克上市。

和很多互联网公司一样，为了让用户访问谷歌更方便，谷歌购买了大量的廉价服务器。一台服务器的计算能力，再叠加另一台服务器的计算能力，并不是1+1=2，把大量的廉价服务器集成起来，完成大规模计算和存储任务，就是谷歌作为一家互联网公司开始研究计算的初衷。

廉价服务器可靠性非常差，性能和 IBM 等公司的大型机相比相差甚远，就像冷兵器时代的战争，10000 名步兵可能并不及 2000 名骑兵战斗力更强。谷歌的架构师们开始设计让一堆廉价服务器战斗力更强的方法，如充分考虑容错性和高并发等，然后就发现好用了很多。

谷歌刚出现的几年，访问量急剧增长，但谷歌作为一家互联网公司，以及计算机公司的客户，只要买些服务器，再有运营商们建的一些互联网基础设施就够用了。

在互联网泡沫出现之前，因为对互联网预期过度乐观，美国兴建了众多的互联网基础设施，诸如铺设光缆、兴建数据中心等。互联网泡沫之后，很多互联网公司倒闭了，建了这些基础设施的公司一下被晃点了，但它们宁可赔钱不盈利，也不想被闲置，所以，谷歌有了大量便宜的数据中心可用，而且能满足谷歌日益增长的业务需求。

好景不长，2003 年美国经济复苏，互联网业务又开始了新一轮的增长，谷歌也快速发展，之前那些便宜的数据中心很快就面临不够用的问题。之前投资兴建互联网基础设施的公司，因为被互联网泡沫坑过一次，生怕再遇到这样的事情，所以，他们不愿意再去兴建互联网基础设施，谷歌只好自己出马。

互联网的基础设施主要包括光缆、数据中心等，谷歌通过租用和购买已铺设电缆且自铺电缆的方式，先保证了网速不受制约，之后在全球建设自己的数据中心，以服务全球用户。

另外，更重要的是，谷歌开始研究计算了，这本该是 IBM、惠普、英特尔等公司应该做的事情。作为计算的需求方，谷歌自己上手，自己更懂自己。

经过几年的努力，谷歌的服务器已经从一盘散沙变成了一个协调如一的整体。2006 年，谷歌的云平台基本成型，并且把谷歌的 Gmail、博客等应用都放在了云平台上，这些业务都有一个共性——用户产生数据。

过去，谷歌的产品开发团队想开发设计一款新产品，先要规划需要部署多少台服务器，而 2006 年之后的谷歌，产品经理想做产品，只要能提出自己需要有多少计算资源来支持就可以放心大胆地来做产品设计了。

2006 年 8 月，谷歌首席执行官埃里克·施密特首次提出“云计算”(Cloud Computing) 的概念。同年，另一家美国的互联网大厂亚马逊推出了 IaaS 服务平台——AWS。

谷歌刚刚开始布局做互联网基础设施的时候，并没有想到云计算会颠覆整个信息技术产业，谷歌只是怀揣着一个目标：让用户能够随时随地可以快速、安全地享受到谷歌提供的计算、储存、访问、共享信息等服务。

说到这里，笔者要稍微解释一下，美国和中国的情况不同，互联网基础设施的建设既有 AT&T、Verizon 和 Comcast 这样的运营商，也有谷歌、微软、亚马逊这样的互联网公司。在中国，光纤网络、移动通信网络的建设是由运营商来完成的，百度、腾讯、美团等互联网公司属于内容提供商或者类似服务运营的角色，它们自己可以建设数据中心。

计算对外开放

伯肯海德公园在世界园林史上可能不算是一个景色突出的公园，但它却是第一个真正的“公”园。它诞生于正在热火朝天进行工业革命的英国，随着城市工业飞速发展，位于利物浦的伯肯海德区城镇人口从1820年的100人激增至8000人。作为城市工业主要贡献者的工人，居住环境脏乱不堪，受到疾病的困扰，工人们的健康状况急剧恶化，生产效率低。1841年，利物浦市议员提出了建造公共园林的想法。两年后，伯肯海德公园开始设计规划建设，1847年完工向公众开放。

园里引入了一条城市道路（当时还是马车道），让人们可以从城市里方便地进出公园。

这条路成为伯肯海德公园规划中最具价值的亮点。蜿蜒的道路构成了公园内部主环路，沿线景观错落有致。更重要的是，这是一条让园林开放的通路，四周住宅依公园而建，由此公路提供了向外的路径。从此，世界上有了供公众游览休息的园林，“公园”之名由此而来。

公园的设计思路跟计算的发展很相像。

计算本来都是放在自己的属地里完成的，比如，计算机要有桌面来承载，企业里的计算机要放在自己的房子里。当年服役的ENIAC长30.48米，宽6米，高2.4米，占地面积约170平方米，有30个操作台，重达30英吨，耗电量达150千瓦，造价为48万美元；包含了17468根真空管，7200根晶体二极管，1500个中转，70000个电阻器，10000个电容器，1500个继电器，6000多个开关。

能够拥有像ENIAC一样的计算机意味着什么？自然是要先拥有可以存放ENIAC的大房子：ENIAC需要放在170多平方米的大房子里，差不多相当于一个四居室。

只有大房子，还配不上计算机的价值。计算机从诞生之日起，就是“金贵”的物件，要防“bug”的骚扰，对房间洁净度有要求；还要免受电磁、静电的干扰；房间还要够凉快，因为计算会散热，要不断给机器降温。计算机不仅仅需要大房子，还得是够格的大房子，计算机是重点，但计算机的周围环境也不能不讲究。于是，为了存放这些计算机，就需要有专属的空间——机房。

机房曾是一个旧瓶装新酒的名字，旧时手工、丝棉织业的工作场所也被称为机房；如今，机房是政府、学校、企业等机构存放自己的服务器，为自身提供 IT 能力的地方。

有了互联网之后，互联网公司需要服务的客户群体骤然变大。以雅虎为例，杨致远创建雅虎的时候，还是斯坦福大学的在校生，他本来是在斯坦福大学的校园里进行创业的，但很快斯坦福大学的服务器和网络就不能承受雅虎带来的压力了，于是杨致远和他的雅虎就被请出了斯坦福大学。

互联网公司的全面爆发，使其一下子成为计算的大客户。可以想象，提供互联网服务的企业需要多大的机房，如谷歌要为全美国乃至美国之外的互联网用户提供搜索业务，这么多的互联网用户访问谷歌感受不到丝毫的卡顿，因为谷歌的服务器越来越多，而谷歌也有了存放计算机的地方，它不再是一间房子，它有了新名字：互联网数据中心（Internet Data Center），简称 IDC。

互联网有了 IDC 的支撑，渐渐走向了云计算，连接、协作变得越来越通畅。得到了信息化助力的企业，机房也渐渐不能支撑它们的信息化工作了，业务部门对信息化部门的要求越来越高，它们也不得不效仿互联网企业，建起了企业数据中心（Enterprise Data Center），简称 EDC。

不管是 IDC，还是 EDC，云化深入其中，它们都通过网络有了与外部连接的通道，因为都有对外提供服务的作用，只有 Data Center 还带着本来的味道，所以，前面的名字索性去掉了，都变成了一个统一的名字——数据中心。

机房还叫“机房”的时候，有一种天然为自己所用的味道，还带着19世纪的古朴感。工作场所就是自己的场地，没有公有和私有的说法，因为没有与外面联通的网络，甚至连网都没有，即便有网络，也只是企业网、局域网。就像公园没有提供进出的道路就只能叫作园林，对外提供了服务，才是公园。

当云计算逐步深化后，它就成了所有人的共识，大家就必须换角度来思考问题了。

像谷歌、亚马逊、阿里巴巴、百度、腾讯等，它们的体量已经大到一定程度，而且他们在运营自己的数据中心的时候，渐渐地也从计算机公司的用户升级到了计算机专家。所以，当云计算从互联网公司里脱胎出来后，它们自己驾驭数据中心、云计算的经验，就自然而然地转变成提供云计算服务的能力。

第五节　“芯”的新局面

21世纪的第一个10年，一颗手机的芯片的计算能力已经超过了20世纪60年代阿波罗登月计划时，整个美国航空航天局的计算能力。这颗小小的芯片，就是这个故事中最重要的主线。

芯片新玩法：fabless

在计算浓缩进手机的过程中，作为提供计算的最小单元——芯片，也在悄悄发生变化。

第二章在讲集成电路的发明的时候提到过，晶体管哪怕遇到一点气体，都会受到影响。所以，从晶体管到集成电路，再到最后的芯片，里面涉及集成电路的精细度，精细度越高，生产工艺就越先进。精细度高，就意味着芯片的功耗小。由此可见，半导体制造也是一个技术含量很高的工种。

这里通过图 3—1 先直观地展示一下芯片的制造过程。

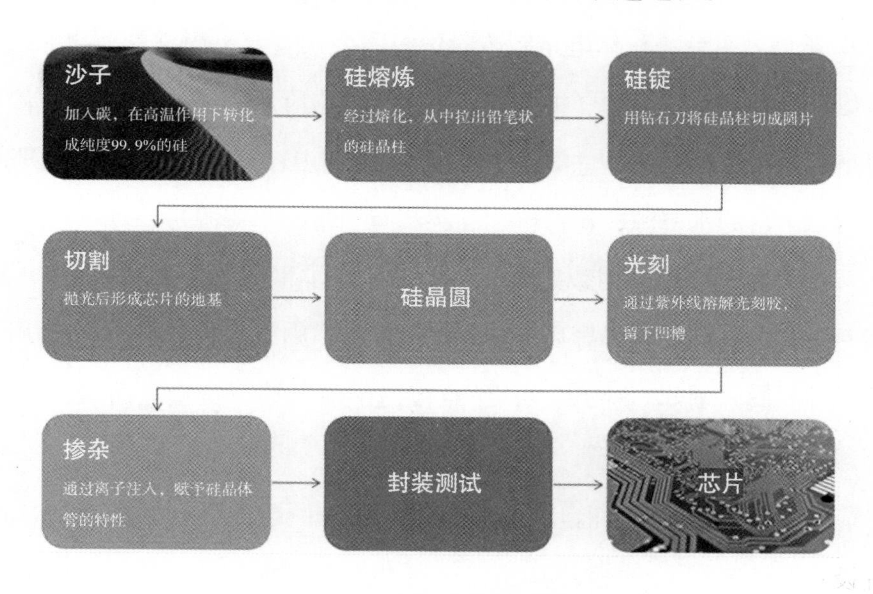

图 3—1　芯片的制造过程

自己设计芯片，自己制造芯片，在自有的工厂生产，并且自己完成芯片测试与封装，一直都是过去的玩法。IBM 如此，英特尔如此，三星也如此。

IBM 在 20 世纪 90 年代，要上马半导体新产品线，当时掌舵的小托马斯·沃森想方设法让董事会批准了他的半导体投资方案。投产投资一个普通的工厂约为每平方英尺 40 美元，而投产投资集成电路的工厂需要每平方英尺 150 美元，车间要干净得如同“外科病房”，董事会觉得这是一个“奢华”的工厂，没少找麻烦。不过，最终 IBM 的“奢华”工厂让 IBM 一跃成为当时最大的全球半导体制造商。

Arm 成立的时候，没有像 IBM 那样财大气粗的董事会撑腰，而且 Arm 的芯片面对强大的英特尔，生意惨淡，他们想到了另外一条路：自己不生产芯片，只把 IP（知识产权）授权给其他公司。

在德州仪器积累了丰富的半导体工厂建造与管理经验的张忠谋于 1987 年创办了台湾积体电路制造股份有限公司（以下简称台积电），这是第一家专门从事晶圆（指制作硅半导体电路所用的硅晶片，其原始材料是硅）代工的企业，总部与主要工厂位于中国台湾的新竹市（晶圆生产需要丰富的水资源，新竹市、硅谷都有丰富的水资源）。

有了代工厂和 IP 授权模式，就像打开了世界半导体产业的一扇门——它大大降低了半导体产业的准入门槛。财大气粗的 IBM 当时用 3 年多时间投入了 52.5 亿美元，差点被这个项目搞得资金链断裂，其他公司“摸摸自己的口袋”，只能望而却步。

配合默契的 Arm 和台积电承担了产业链两端的工作，中间的“芯片设计”环节有了一个新的玩法——不做生产，无须重资建厂，做 fabless 厂商（fabless 就是“无工厂”）。

1990 年后，芯片玩家如雨后春笋般涌现出来，如高通、博通、英伟达、美满、联发科、英飞凌（西门子半导体部门独立出来）、瑞萨电子（NEC 和瑞萨科技的合资公司）。

芯片这个行业的世道变了。越来越多的轻资产玩家涌入芯片行业，市场竞争愈加激烈，加速了全球半导体产业的进程；新进入的玩家，大多是 Arm 和台积电的客户。继台积电之后，台湾又出现了联电、力晶、世界先进、元隆等一系列晶圆代工厂，并开始占据一席之地。

1988 年，英特尔给台积电送来了第一笔大单，且在 200 多道工艺上给其提供“保姆级”教程，台积电这家最初连募资都很艰难的小公司快速成长，制程工艺不断迭代升级，最后超过了自己的“师傅”——英特尔，在最新的制程工艺上成了领先者。

中国试水芯片之路

在“IP 授权＋fabless＋foundry”的分工模式进入 21 世纪后，中国大陆也开始跃跃欲试了。

中国工程院院士倪光南，因为与柳传志在走技术路线还是走品牌路线的问题上产生分歧，离开联想，与方舟科技合作，继续追求自主研发芯片的道路；另外，也有北大众志、龙芯等陆续成立，这几家公司都脱胎于学术机构，被称为“北派”。与之对应的是以民营力量为主形成的“南派”，主张以市场需求为导向，出现时间也同样是在 2000 年之后，代表公司有展讯（现为紫光展锐）、炬力、瑞芯微、澜起科技、海思（华为子公司）、兆易创新、全志等。

两派的思路迥异，“北派”在肩挑国家发展自主可控的 CPU 的任务的同时，也寻求市场化，所以他们的路径是，从指令集开始，一层层往下递进，其挑战目标是 Wintel 联盟。

北大众志在 1999 年研发出了指令集及架构 UniCore，2003 年做出了包含 UniCore 核的 PKUNITY-863 CPU；龙芯在 2008 年获得了 MIPS 指令集授权，并对其进行了扩展，做出了自己的指令集 LoongISA；方舟基于 RISC 指令于 2001 年推出了嵌入式芯片——方舟 1 号。

而“南派”则选择在国际化分工上寻找自己的生存之路。从市场需求端入手，不计较出处，买来最没技术门槛、最下游的芯片，以“农村包围城市”。

成熟的 Wintel 联盟，已经有了比较完善的 Wintel 生态。Wintel 生态包含的不仅仅是微软、英特尔，而是集结了全球的开发者、个人计算机周边设备商。而北大众志、龙芯、方舟也可以作出自己的芯片，但面临无人愿用的尴尬局面，空有芯片，打印机不支持，没有应用软件的支持，“北派”孤掌难鸣。

要提醒大家的是，高端的芯片用在了个人计算机、手机上，但还有大量的数码设备、消费电子也需要芯片，一定要用最先进、最佳性能的芯片吗？当然不是。杀鸡焉用牛刀？

MP3 火，就带火了做 MP3 芯片的炬力；惠普和谷歌做平板电脑，就选择了瑞芯微和全志的 Arm 芯片；展锐芯片是众多智能手表的选择。所以，“南派”逐渐形成了气候，虽然没有在高端芯片上作出成绩，但从低端芯片开始学习，也渐渐找到了自己的生存之道。

在个人计算机时代，Wintel 生态是顶峰，顺势而为，方能分得一杯羹；在互联网时代，计算格局变了，计算产业越来越多元化，在多元化生态中，玩法不能再遵循之前的思路，要在新的格局中找寻方向。

华为的芯片路线

到这里，大家可能会关心，那个让思科生畏的华为是怎么做的呢？华为属于“南派”还是“北派”？

华为在开始研究程控交换机的 1991 年，就在同步研发交换机用的 ASIC（专用集成电路）。主持华为第一代局用程控交换机、第一颗芯片研发的人是徐文伟。徐文伟从东南大学硕士毕业后，进入了当时的名企亿利达；后来，任正非说服他来到了风雨飘摇的小公司华为。徐文伟带领团队先后研发了 SD502 和 SD509，这些芯片使华为自主研发的交换机有了价格优势，因为自己开发的芯片比买来的通用芯片便宜很多，也更符合产品需求，这也使华为从代理商升级为科技公司。但是，数据中心里需要用 CPU、MCU 芯片的时候，华为仍然会选择从英特尔等厂商直接采购的方式。

2004 年 7 月，华为和思科的官司告一段落，华为从这场官司中深刻反思了自有知识产权的重要性。同年 10 月，海思半导体成立。

和之前的研发思路一样，海思继续研发与通信业务密切相关的专用芯片 ASIC。这时候，拥有国际化视角的华为，和其他的 fabless 芯片公司一样，获得了 Arm 的 IP（知识产权）授权，开始做通用计算的 CPU 芯片。

第一个成果是于 2009 年问世的基于 Arm 11 的 K3V1，这颗应用处理器（AP）集成了中央处理器（CPU）、图形处理器（GPU）、图像处理器（ISP）等。但由于性能上的些许缺陷，最终没有大规模市场化。2012 年，海思推出了 K3V2，集成了 4 个 Arm Cortxt A9 处理器核，并且用在了 D2、P2、Mate 1、P6 等华为自家旗舰机型上。2013 年，华为推出了 4 核 LTE SoC 麒麟 910，自有芯片品牌——“麒麟”登场。

此后，麒麟一路向前。2017 年的麒麟 970，是海思尝试人工智能手机芯片的开始；2018 年，麒麟 980 是全球首批采用商用 7 纳米工艺的芯片；2020 年，麒麟 9000 是全球首款基于 5 纳米制程推出的 5G 手机芯片。这些事实都告诉我们，跻身芯片一线品牌，中国是可以的。

Arm 潜入英特尔腹地

Arm 在移动计算上掀起了波澜，让英特尔不再是芯片界“一哥”。

Arm不仅吃遍了智能手机市场，也开始进入了IBM、英特尔的“大本营”——服务器。

指令集的格局大概是这样的：英特尔和AMD的x86指令集主要用在服务器、个人计算机上；IBM的Power指令集主要用在服务器上；Arm的Arm指令集主要用在手机、平板等移动计算平台上；RISC-V基金会开源指令集RISC-V主要用在物联网设备上。

就在Android问世的第二年，也就是2008年，Arm参与投资了一家叫Smooth Stone的初创公司，后来命名为Calxeda，这是Arm进军服务器市场的第一个落子点，Arm的目标很直接：降低数据中心的耗能，提高相同空间的计算力密度。

Marvell、Balkal、Socionext、高通、AWS、英伟达、三星、富士通、博通等都成为Arm服务器家族中的一员，连x86阵营的AMD都在2012年宣布要做Arm服务器。与此同时，Arm的服务器圈子里开始出现来自中国的公司，如飞腾、华为鲲鹏等。

飞腾成立于2014年，产品包含了服务器CPU、桌面CPU、嵌入式CPU、多路服务器CPU。

2015年，海思推出基于Arm架构的服务器芯片Hi1610；2016年，又推出了第二代处理器芯片Hi1612；2017年，海思推出第三款服务器芯片Hi1616。

2018年，华为公开了新一代服务器芯片Hi1620，这款芯片采用了Arm架构，也是华为面向通用计算产业迈出的一大步。2019年初，华为推出鲲鹏920系列，从此，华为的通用计算处理器命名为“鲲鹏”。

计算小知识 芯片性能的度量

芯片是将指令集封装起来，供软件调用的计算单元。对于芯片能力的度量，大家可能听到最多的就是赫兹（Hz）了。实际上，度量芯片的单位叫作时钟频率，是指同步电路中时钟的基础频率，它以“若干次周期每秒”来度量，量度单位采用 SI 单位赫兹。它是评定 CPU 性能的重要指标。一般来说，主频数字值越大越好，但对于算力度量来说，频率的高低与算力的大小并不是严格的正相关关系。

在电子技术中，脉冲信号是一个按一定电压幅度、一定时间间隔连续发出的脉冲信号。脉冲信号之间的时间间隔称为周期；在单位时间（如 1 秒）内所产生的脉冲个数称为频率。频率是描述周期性循环信号（包括脉冲信号）在单位时间内所出现的脉冲数量多少的计量名称；频率的标准计量单位是赫兹。计算机中的系统时钟就是一个典型的频率相当精确和稳定的脉冲信号发生器。频率在数学表达式中用“f”表示，其相应的单位有 Hz（赫兹）、kHz（千赫兹）、MHz（兆赫兹）、GHz（吉赫兹，1 吉＝1000000000 赫兹）。

CPU 的主频，即 CPU 内核工作的时钟频率（CPU Clock Speed）。通常所说的某某 CPU 是多少 GHz 的，这个“多少 GHz”就是“CPU 的主频”。很多人认为 CPU 的主频就是其运行速度，其实不然。CPU 的主频表示在 CPU 内数字脉冲信号震荡的速度，与 CPU 实际的运算能力并没有直接关系。主频和实际的运算速度存在一定的关系，但至今还没有一个确定的公式能够定量两者的数值关系，因为 CPU 的运算速度还要看 CPU 流水线的各方面性能指标（缓存、指令集、CPU 的位数等）。由于主频并不直接代表运算速度，所以在一定情况下，很可能会出现主频较高的 CPU 实际运算速度较低的现象。

因此，本书才在这里将计算的体系以度量的方式进行展开。实际上，在芯片层面评测算力的单位，可以用 IPS/Hz 来表示，当然这里面分子及分母的单位根据不同算力还需要加上 K、M、G 等数量级的修饰。可以看出，由于精度、操作、指令等的分类均不相同，因此很难直接使用 Hz 乃至 IPS/Hz 来对芯片的能力进行度量。不同的排列组合成百上千，实际上市面的产品也并未覆盖全部的可能组合，因此想要用一个数字，或者一个单位，就去对算力进行计算，实际上是当前不可能完成的任务。

第六节　数据中心计算机

对计算能力的指数级成长已经无须赘言，计算机已经从最初又笨又重的机器变成了计算建筑——数据中心，计算机的外壳变成了墙！计算本来是为自家所用，自云计算开始，计算成了一种服务，计算机的围墙敞开了。

搞房地产的计算机

数据中心是指在一个物理空间内实现信息的集中处理、存储、传输、交换、管理，而计算设备、网络设备、存储设备通常被认为是核心关键设备；此外，供电系统、制冷系统、机柜系统、消防系统、监控系统等也是数据中心的必备基础设施。数据中心就像在 IT 行业里做房地产，在房地产行业里做 IT。

如果以存放计算机的房子，这个房子具备计算、存储、网络功能且有备份作用来定义计算的基础设施，那么 ENIAC 就是数据中心的鼻祖。

关于 ENIAC 在第二章有详细的介绍，这里不再赘述。一台计算机占地约170平方米，必须有房子来存放。此后IBM System系列大型机主要服务于政府和军事客户，同样对计算机的场地和安全有特殊要求。1973年，为了确保业务持续，灾难备份计划开始在大型机环境中涌现。1979年，SunGard公司在美国费城建立灾备中心，这也是全球第一个灾备中心。

1977年，第一个商业局域网——ARCNET（令牌总线网络）投入使用，ARCNET、Ethernet、token ring和FDDI是4项主要的LAN技术。

20世纪80年代，个人计算机兴起，数据中心里的大型机渐渐被x86架构的个人计算机服务器（服务器跟个人计算机相比，优势主要体现在可靠性上，性能并没有太大优势）取代，因为大型机对普通用户来说价格太贵，而且占地面积比较大。

Sun Microsystems（斯坦福大学校园网Stanford University Network的首字母缩写，也是一家斯坦福公司，后来被Oracle收购）公司开发了网络文件系统协议，也就是说，解决了计算机访问网络文件问题。

由此，数据中心里所需要的技术就基本完备了。

前面章节提到过，随着互联网爆发，业务迅猛增长，互联网公司成为计算行业的大客户，谷歌、亚马逊、阿里巴巴等互联网公司不仅仅是行业客户，同时也因为计算需求增长，需要自己建设、运维数据中心，在不断学习中把自己培养成了云计算第一代服务商。

当计算变成了建筑，就像计算机和手机一样，散热、功耗、用电都成了数据中心的大问题。

计算能力翻倍不是“搭乐高”

每个人心中都有一个英雄梦，梦见自己变成了一个高大的巨人，就好像绿巨人那样，暴怒触发变成绿巨人，撑破了衣服，就意味着拥有了无穷的威力。这种威力突变的方式是电影中的想象，在计算的现实中就不是这样了。

摩尔定律刚被提出来的时候就告诉大家，这样的美好愿望是不能长久的，总有一个规模效应在背后发挥着制约作用，这种危机的出现就从一核变多核开始。

前面介绍 CPU 的时候提到过，超高的运行频率会带来一系列影响，整个芯片的功耗也会居高不下。追求频率的提升，在计算发展的早期是一个必经之路，但发展到一定阶段，就不再是一个万能的解决方案。

2005 年前后，一芯多核的设计思路开始成为大众的选择，并不是因为取得了什么重大突破，显著简化了并行编程方式，或者使多核计算的生产变得简单。之所以发生这种变化，恰恰是因为我们的技术缺少相应的突破，因而面临着三大壁垒：指令集并行已经接近上限的 ILP（Instruction-Level-Parallelism，指令层并行）壁垒，单芯片功耗越来越高的功率壁垒，缓存速度逐渐跟不上发展速度的存储壁垒。由于这三大壁垒的存在，整个芯片的设计别无选择，只能开辟一芯多核的新赛道。

ILP 壁垒带来的直接影响就是主频持续增长的时代结束了。事实上，过去每代微处理器主频都是其上一代的 2 倍多，但其中只有 1.4 倍来源于器件的按比例缩小，另外 1.4 倍来源于结构的优化，即流水线中逻辑门数目的减少。高频处理器中的指令流水线划分，已经达到每个流水线级只有 10～15 级的延迟，很难再降低。实际上，奔腾 4 的 20 级流水线中有 2 级只进行数据的传输，没有进行任何有用的计算。

功率壁垒是以英特尔放弃 4GHz 以上奔腾 4 处理器研发为标志的。现代的通用处理器功耗峰值已经高达上百瓦，按照硅片面积为 1～2 平方厘米计算，其单位面积的热密度已经远远超过普通的电炉。

内存壁垒起源于计算与存储之间的“剪刀差”。20 世纪 80 年代，内存和 CPU 的频率都不高，访问内存和运算速度差不多快，但后来 CPU 的主频不断提高，存储器却只是容量增加，速度却没有显著提高，这就直接导致了计算等存储的“木桶效应”。

那么，这个壁垒是什么？尽管晶体管的性能会随着特征尺寸的缩小而得到提升，但集成电路中的连线却不会如此。具体来说，一段连线的信号延迟与其电阻、电容的乘积成正比。当然，当特征尺寸缩小时，连线会变短，但单位长度的电阻和电容都会变差。遗憾的是，与晶体管性能相比，连线延迟方面的改进小得可怜，也极大地增加了设计人员面临的挑战。在过去几年里，除了功率耗散方面的限制外，连线延迟已经成为大型集成电路的主要设计限制。越来越多的时钟周期被消耗在信号在连线上的传播延迟上。

实际上，从 20 世纪 80 年代中后期开始到 21 世纪初，整个计算机体系架构的研究很大部分都放在解决处理器和内存速度的差距问题上，而这也直接导致 CPU 本身的含义发生了深刻变化。

最初 CPU 就是指中央处理器，在冯·诺依曼的概念里主要由控制器和运算器组成，但现在的 CPU 中 80%的晶体管是一级、二级甚至三级高速缓存。摩尔定律的发展使得 CPU 除了包含运算器和控制器外，还包含一部分存储器，甚至包括了一部分 IO 接口。

学术界最早的多核处理器项目 Hydra 是由美国斯坦福大学于 1994 年开始研究的。在工业界，IBM 于 2001 年推出了 IBM Power4 双核处理器；AMD 于 2005 年推出了第一款 x86 架构双核处理器；英特尔于 2006 年推出了第一款酷睿双核处理器；而我国则于 2009 年推出了第一款四核的龙芯3A处理器。

实际上，多核处理器发展的历史，就是并行结构（并行体系结构和软件架构采取并行编程）发展的历史，围绕着如何实现不同的并行结构，多核处理器的发展曾出现不同的并行结构。

首先是SIMD（Single Instruction Multiple Data Units，单指令多数据流）结构。这里主要指的是采用单指令同时处理一组数据的并行结构。SIMD结构最开始的探索起源于超算领域。1975年诞生的Cray-1超算向量机包含了向量寄存器和向量功能部件，单条向量指令可以处理一组数据，成为20世纪70年代和80年代前期高性能计算机发展的主流，在商业、金融、科学计算等领域发挥了重要作用。而其缺点是难以达到很高的并行度。如今，虽然向量机不再是计算机发展的主流，但目前的高性能处理器普遍通过SIMD结构的短向量部件来提高性能。例如，英特尔处理器的SIMD指令扩展实现不同宽度数据的处理，如SSE（Streaming SIMD Extensions）扩展一条指令可实现128位数据计算，AVX（Advanced Vector Extensions）扩展一条指令可实现256位或者512位数据计算。

其次是对称多处理器（Symmetric Multi-Processor，SMP）结构。指的是若干处理器通过共享总线或交叉开关等统一访问共享存储器的结构，各个处理器具有相同的访问存储器性能。20世纪八九十年代，DEC、SUN、SGI等公司的高档工作站多采用SMP结构。这种结构的可伸缩性也是有限的。SMP结构常被作为一个节点来构成更大的并行结构。多核处理器也常采用SMP结构，往往支持数个到10多个处理器核。

最后是高速缓存一致非均匀存储器访问（Cache Coherent Non-Uniform Memory Access，CC-NUMA）结构。CC-NUMA 结构是一种分布式共享存储体系结构，其共享存储器按模块分散在各处理器附近，处理器访问本地存储器和远程存储器的延迟不同，共享数据可进入处理器私有高速缓存，并由系统保证同一数据的多个副本的一致性。CC-NUMA 结构的可扩展性比 SMP 结构要好，支持更多核共享存储，但其硬件维护数据一致性导致复杂性高，可扩展性也是有限的。典型的例子有斯坦福大学的 DASH 和 FLASH，以及 20 世纪 90 年代风靡全球的 SGI 的 Origin 2000。IBM、惠普的高端服务也采用 CC-NUMA 结构，它们支持几十到上千路共享存储器。有些多核处理器也支持 CC-NUMA 结构扩展，例如，4 片四核龙芯 3B 处理器通过 HT 总线互联直接形成 16 核的 CC-NUMA 结构。

从结构的角度看，多处理器系统可分为共享存储系统和消息传递系统两类。SMP 结构和 CC-NUMA 结构是典型的共享存储系统。在共享存储系统中，所有处理器共享主存储器，每个处理器都可以把信息存入主存储器，或从中取出信息，处理器之间的通信通过访问共享存储器来实现。MPP 和机群系统往往是消息传递系统，在消息传递系统中，每个处理器都有一个只有它自己才能访问的局部存储器，处理器之间的通信必须通过显式的消息传递来进行。

尽管消息传递多核处理器系统对发展多核处理器也很有帮助，但是通用多核处理器主要是从共享存储的多核处理器系统演化而来。多核处理器与早期 SMP 多路服务器系统在结构上并没有本质的区别。例如，多路服务器共享内存，多核处理器共享最后一级 Cache 和内存；多路服务器通过总线或者交叉开关实现处理器间的通信，而多核处理器往往通过片上总线、片上交叉开关或者 Mesh 网络等实现处理器核间通信，具有更好的通信性能。

计算的“木桶效应”

计算能力不能像“搭乐高”一样盖起计算的高楼大厦，是“木桶效应”在作祟。

“木桶效应”永远是计算系统设计所需考虑的第一要素。一个系统最终体现出的性能受限于其瓶颈部分，而计算系统是个非常复杂的系统，影响性能的因素很多。计算系统其实就是围绕着如何匹配计算能力和通信能力，从而达到最大的并行化效果在不断博弈。如本章开篇所述，在计算一出现就占据 C 位的情况下，存储的速度、访问带宽的平衡等的落后极大地制约了整体计算能力。

这里不得不提一个著名的阿姆达尔定律。这个在 1967 年就被提出的定律非常具有前瞻性地指出，通过使用某种较快的执行方式所获得的性能的提高，受限于不可使用这种方式提高性能的执行时间所占总执行时间的百分比。举一个形象的例子，一个人花一个小时可以做好一顿饭，但 60 个人一起做饭不可能用一分钟就做好，因为做饭的过程中有一些因素是不可能被并行化的。值得注意的是，1967 年，互联网雏形还未出现，第一篇关于虚拟化的论文（1965 年）才刚刚发表，第一个数据概念也是在 1968 年才提出来的。

计算系统的设计要统筹兼顾，抓住主要因素的同时不能忽略次要因素，否则当主要的瓶颈问题解决以后，原来不是瓶颈的次要因素可能就成了瓶颈。这就好比修马路，一个本来堵车的路口修了高架桥后看似不堵车了，但是与这个路口相邻的路口很可能就变得更堵了。而系统架构师需要做的，正是在诸多复杂因素中做到统筹兼顾。

约束“木桶效应”的是局部性。所谓局部性，就好比一个人只能认识有限的人，其中天天打交道的、熟悉的人则更少，也如“二八原则”一样，真正常用的可能就是某个局部的范围。可以说，局部性在计算机中普遍存在，同时也是计算机性能优化的基础。对计算系统进行局部性优化时，需要重点优化那些频繁发生的事件，在结构设计基本平衡后，优化性能要抓主要矛盾。首先就是要明确什么是经常性事件，比如，在设计通用算力时，最开始一般会把系统能够计算的浮点数调整得足够大，但后来发现这个系统所需计算的工作其实并不需要这么高的精度。

实际上 RISC 指令集系统的提出，就是利用指令的事件局部性地对频繁发生的事件进行重点优化的例子。同时，对于需要经常访问的数据，也可通过提供高效的内存等方式，确保计算系统在时间局部性和空间局部性上提升性能，如高速缓存、TLB、硬件转移猜测、预取等都利用了访存局部性。

除了局部性，“木桶效应”还反映在并行性上。这是相对于工业时代流传至今的流水线概念来说的，即通过在同一时间内尽可能并行地完成更多的工作来提高效率。纵观计算系统发展历史，计算系统中一般可以开发三种层次的并行性。

第一层就是指令级的并行。指令级并行是 20 世纪后 20 年体系结构提升性能的主要途径。一是可以做时间并行。如同工厂生产汽车的流水线一样，汽车生产工厂不会等一辆汽车都装好后才开始下一辆汽车的生产，往往是通过多道工序同时生产多辆汽车。二是可以做空间并行。就好比在多车道的马路上，允许不同的计算任务在多车道上超车一样，通过这种方式提升性能。在 20 世纪 80 年代 RISC 出现以后的 20 年，指令级并行的开发达到了一个顶峰。到 2010 年后，进一步挖掘指令级并行的空间已经不大了。

第二层就是数据级并行。这里指的主要就是本章所提到的 SIMD 向量结构。计算机的鼻祖 ENIAC 就是最早实践数据级并行的范例。而 20 世纪六七十年代，以 Cray 为代表的超算向量机风靡一时，当年超算界响当当的 Cray-1、Cray-2，以及后来的 Cray X-MP、Cray Y-MP 都是 SIMD 的最佳实践。但到了 Cray-4，反倒沉寂下来了，这是为什么呢？这里，再穿插一个 1024 只鸡打败了 2 头强壮的牛的故事。

在 20 世纪 80 年代，许多公司开始探索使用大规模并行处理（MPP）技术来实现在一台计算机中使用多个处理器。MPP 技术降低了超级计算机的建造成本，新一代技术浪潮正席卷而来，但 Cray 却不愿接受这种新技术，反而再次沉迷于用砷化镓造出更快向量处理器。他曾讽刺道："如果你要耕田，你会选 2 头强壮的牛还是 1024 只鸡？"

不是所有人都和 Cray 有同样的想法，如 Thinking Machines 公司。这家公司的创始人希尔思（Hills）是麻省理工学院 MIT 的博士，研究方向是大规模并行计算架构，他于 1983 年成立了这家公司，希望把学术成果转化为一类叫作连接机器（Connection Machine）的超级计算机。

1984 年，美国国防部正在寻找可以让坦克、导弹等武器实现目标识别和自然语言理解的计算机架构，Thinking Machine 公司获得 DARPA（Defense Advanced Research Projects Agency）的青睐，拿下了 450 万美元的国防合同。如此一来，这家公司的任务便是要在 2 年之内建造一台全球最快的计算机。背靠美国国防部，Thinking Machine 公司很快在 1989 年就实现了盈利。第二年，该公司又实现了 6500 万美元的软硬件收入，成为并行超算的领导者，甚至与超算王者 Cray Research 分庭抗礼。

到 1993 年，世界上最快的 4 台计算机都是 Connection Machine。20 世纪 90 年代已是 MPP（Massive Parallel Processing）大爆发的时代。处理器个数由原来的个位数爆炸式增长到几千个。除了 Thinking Machine 公司，并行计算机领域还有 nCUBE 和 MasPar 等企业，Thinking Machines 公司的 CM-2 和 CM-5 两款超级计算机在市场上都有对标产品。MMP 机器的性价比让 Cray-3 全无招架之力，Cray-4 虽然能跑到 10 亿赫兹（1 GHz），却贵得惊人。随着冷战结束与新技术的出现，2 头强壮的牛最终输给了 1024 只鸡。

巅峰之后，Cray Research 急速下滑，经历了破产、被收购等变故，命运多舛却顽强坚持，直至今日依然是超级计算机领域的巨头之一。Cray 后续又成立了新公司 SRC，开始研发大规模并行计算。可惜明天和意外不一定哪个先到来，项目启动后不久，他就在车祸中丧生了，一个时代随之结束。Thinking Machine 公司也好景不长。1991 年，DARPA 和美国能源部都因舆论压力而减少了对他们的产品的采购，收紧的政策更令最强的 Connection Machine 出口无门。1992 年，Thinking Machine 公司开始亏损，CEO 下台，1994 年公司宣告破产，而后被巨头收购。

但后来 SIMD 又开始恢复活力，如 x86 中的 AVX 多媒体指令可以用 256 位通路做四个 64 位的运算或八个 32 位的运算，SIMD 作为指令级并行的有效补充，在流媒体领域发挥了重要的作用。但这时 SIMD 的使用已经开始和通用算力渐行渐远，主要得益于专用处理器的兴起。

第三层就是任务级并行。任务级并行大量存在于现今的互联网应用之中，任务级并行的代表是多核处理器以及多线程处理器，也是目前计算机体系结构提高性能的主要方法。这里再引入一个机群系统的概念。机群系统，指的是将大量工作站或微机通过高速网络互联来构成廉价的高性能计算机系统。机群计算可以充分利用现有的计算、内存、文件等资源，用较少的投资实现高性能计算，也适用于云计算。机群系统在业内被称作仓储级计算机（Warehouse-Scale Computer，WSC），在第四章第四节的“协同的计算”中再作具体介绍。

以上三种并行在现代计算系统中都是存在的，多核处理器运行线程级或进程级并行的程序，每个核采用指令级并行，而且往往也有 SIMD 向量部件。

接下来是虚拟化。所谓虚拟化，就是“逻辑上是这样，物理上是那样”的实践。简单来说，就是计算机的物理是有限的，让有限的计算机物理资源可以按需调用。计算机如何变得越来越好用呢？体系结构设计者宁愿自己多费点事，也要尽量为用户提供一个界面友好的用户接口。虚拟化是体系结构设计者为用户提供一个友好界面的基本方法。虚拟化的本质就是在不好用的硬件和友好的用户界面之间架一座“桥梁”。虚拟化技术不仅仅应用于通用算力系统，更是在泛在的云计算系统中得到了广泛的使用。

既然已经了解了计算存在的这些弊端，解决计算的这些难题就是计算接下来要做的。

计算小知识　阿姆达尔定律

阿姆达尔定律，是计算机科学界的一个经验法则，因吉恩·阿姆达尔而得名。它代表了处理器并行运算之后效率提升的能力。

并行计算中的加速比是用并行前的执行速度和并行后的执行速度之比来表示的，它表示了并行化之后的效率提升情况。阿姆达尔定律是固定负载（计算总量不变）时的量化标准。可用公式 $\frac{W_s+W_p}{W_s+\frac{W_p}{p}}$ 来表示。式中，W_s、W_p 分别表示问题规模的串行分量（问题中不能并行化的那一部分）和并行分量，p 表示处理器数量。

需注意，当 $p\rightarrow\infty$ 时候，上式的极限是 $\frac{W}{W_s}$，其中，$W=W_s+W_p$。这意味着，无论如何增大处理器数目，加速比都无法高于这个数。

计算小知识　古斯塔夫森定律

在计算机体系结构中，古斯塔夫森定律（或 Gustafson-barsis 定律）给出了一个任务在执行时间上的加速，从理论上讲，它可以从并行计算中获得，以假设该任务在单核机器上运行为基准。换句话说，如果在串行机器上运行，这是一个已经并行化的任务在理论上的“减速”。它以计算机科学家约翰 · L. 古斯塔夫森和他的同事埃德温 · H. 巴西斯的名字命名，并在 1988 年的文章《重新评估阿姆达尔定律》中提出。

古斯塔夫森估算一个程序通过并行计算得到的加速如下：

$$\begin{aligned} S &= s+p\times N \\ &= s+(1-s)\times N \\ &= N+(1-N)\times s \end{aligned}$$

其中，S 是并行程序的理论加速值，N 是处理器的个数，s 和 p 分别表示执行程序串行和并行部分的占比，$s+p=1$。

古斯塔夫森定律弥补了阿姆达尔定律的不足之处，阿姆达尔定律是基于一个固定问题大小的假设，即执行工作量不会随着资源的改善而改变。而古斯塔夫森定律则认为，程序员倾向于增加问题的规模，以充分利用随着资源改善而变得可用的计算能力。

第四章

算力多元化

算力，简单一点说，就是表示计算的能力，也称计算力。“算力”这个词最早是超级计算机为了评估其计算和处理数据的能力才出现的，主要是为了各种超级计算机“秀肌肉”。现在“算力”的内涵和外延已经超越了超级计算机的范畴，成为数字经济的基本驱动力。

然而，最开始设计的计算，都是为通用计算服务的。人们理想的计算工具，是能够设计出一个一招通吃的解决方案，什么都能算，这是电子计算机出现的初衷，所以，第一台计算机的争议也是围绕“通用”展开的。今天，大家不会再那么纠结是不是“通用”。比如，出现在每个人办公桌上及家里的计算机，基本上就成了计算的主力工具。但随着数字化进程的不断加快，人们发现，很多场景下，通用计算亟须新的供应方式。尽管现在的算力能用，但是，需要更简单更划算的算力接入。

现在，我们家里也有了越来越多的智能设备，电视盒子、游戏机、智能音箱、洗衣机等家用电器都戴上了“智能”的帽子，它们也都在进行复杂的运算，这样才能够运行图形画面、与玩家互动、定时播报新闻、控制洗衣机按程序运行等。但这些计算，都不能只用个人电脑来完成了，因为它们需要和这些设备绑定在一起，才能够发挥计算的作用。

碎片化的应用场景带来碎片化的计算需求，碎片化的计算需求催生多种多样的算力供给能力。如同发动机一样，尽管背后的运转原理都是一样的，但放到工厂里和放到玩具里的形态和能量是不一样的。因此，通用算力并不能有效解决多元化的计算需求，多元化的需求只能通过多元化的算力来满足。

第一节　通用算力新路径

发动机把机械能转化为电能，把电力转化为算力的“发动机”就是芯片，芯片为计算机发展提供了原动力。计算机无论是在向什么样的业态发展，算力都是在向越来越强的方向努力，这也是整个 IT 行业为之奋斗的目标。推动整个 IT 行业向前的就是我们前面讲到的戈登·摩尔提出的摩尔定律。

严格来讲，摩尔定律不像数学、物理定律那样是一成不变的，它是摩尔发现的一个规律，为行业制定的一个目标：既要集成电路在技术层面得到提升，又要在经济学层面让算力成本不断下降。

由于高温、漏电等原因，硅片上的光刻线条限制到纳米数量级的时候，材料的物理、化学性能会导致质的变化，22 纳米、14 纳米、10 纳米、7 纳米制程技术的间隔时间越来越长，这些也是不争的事实。摩尔定律终究会放缓，直至失效。

然而，业界真的希望摩尔定律“失效”吗？

英特尔及 AMD、高通等芯片同行，它们虽然是竞争对手，但在为摩尔定律“续命”这件事情上却是一条心。英特尔不断在芯片制造工艺上下功夫，其他的诸如台积电、三星等晶圆制造公司也在努力向 6 纳米、5 纳米的制造工艺迈进。

多核，是另外一种迂回曲折的续命路径。多核，不难理解，就是在一枚处理器中集成两个或多个完整的计算引擎材料。从单核到双核，再到多核，这一度也是英特尔自认为在芯片发展历史上速度最快的性能提升过程。

当然，还有3D封装技术、x86指令集的简化、CPU架构的晋级、用石墨烯或其他材料来做集成电路等各种尝试。英特尔、AMD、台积电等整个行业都在努力，甚至整个IT业界也都在为摩尔定律的延续持续努力，包括Arm阵营的高通等，都在为摩尔定律助威呐喊。

在没有找到新的算力增速方式之前，大家共同努力让摩尔定律续命一定是性价比最高的方式。

同时，必须要寻找算力的供应和运营的新路径。

在技术的发展路径上，算力的发展与电力的发展表现出惊人的相似。

德国工程师维尔纳·冯·西门子在1867年制造了第一台自馈式发电机，从此大大小小的电动机械出现在了企业中，大量电动机械的出现对电力供应系统提出了新的挑战。发电机只能供自家使用，远距离供电问题一直困扰着人们，自家使用的电也面临不稳定的问题。电在那个时候仍然是星星点点，没有被大规模使用。

爱迪生在发明了耐用的白炽灯之后，开始了他“点亮华尔街”的设想。爱迪生于1882年建造了位于纽约市珍珠街257号的珍珠街发电厂，曼哈顿下城一平方英里的82个客户成了爱迪生的首批客户，其中包括美国邮政局和纽约时报大楼，他们享受着直流电入户的服务，不需要在自家安装发电机就可以享受到直流电。就这样，世界上第一个发电厂诞生了。

发电厂因为以蒸汽机为主要原动力，需要供水和燃料，所以发电厂的选址要以水和燃料运输方便为前提，这在很大程度上限制了发电厂的发展。然而，社会用电的需求越来越大，交流电就在这个时刻登上了历史舞台，带来交流电的人就是——尼古拉·特斯拉。

特斯拉发现和发明了交流供电系统和感应电动机，交流电可以根据电压的需要，方便地在高电压和低电压之间进行切换，还可以长距离传输，从而在技术层面让电力的传输成为可能。

真正让电变成价格便宜、人人可用、人人用得起的资源，让电能成为一种服务的人，不是爱迪生，也不是特斯拉，而是一位知名度不及他们的企业家——塞缪尔·英萨尔。英萨尔是芝加哥爱迪生公司的总裁。虽然那个时候已经有了企业家创办的发电厂，发电厂也已经可以为某一个区域的所有用户提供电力，但是，对于拥有发电厂的电力公司来说，想获得新用户，就必须用有竞争力的价格来作为筹码。降低价格的路径就成为工业化大生产最奏效的方法——大规模生产，大量铺设输电线路，以规模化效应来降低成本。

在技术方面，英萨尔努力改善发电技术，降低电力生产成本，提高了煤转换成电的生产效率。同样，他也清楚地知道，电不像石油那样可以存储，电生产出来就需要使用，让更多的用户用电、错峰用电，是英萨尔的计划之一。运营有轨电车的公交公司需要在白天用电，居民照明基本上晚上才会用电，电动机 24 小时一刻不停歇，是电力生产高效化的最优解。像公交车公司、大型工厂这样的客户，是英萨尔的理想用户，可他们都拥有自己的发电厂。为此，英萨尔制定了一套可行的电价方案，让公交车公司很真切地感受到了大型发电厂的电用起来比自己发电更便宜。

不断地降低电价，服务范围也日益扩大，英萨尔证明了他的思路在电力行业的可行性。英萨尔的商业版图随之扩大，扩展到了伊利诺伊州。

然而，天有不测风云，英萨尔在扩张的过程中，遭到了金融机构的恶意并购，恰逢美国大萧条时期，一系列的金融操作让英萨尔深陷泥潭。1932 年，英萨尔被迫辞去了职务，随即又被起诉。英萨尔在接受审判时，讲述了他为降低电价所做的努力，并坦诚自己犯的最大错误就是低估了金融恐慌对自己公司的影响。陪审团没能找到英萨尔欺诈的意图，最终，英萨尔及其共同被告的所有指控被判不成立。英萨尔让电力实现了平民化，但因为财务问题，出现了过失，丧失了公信力。

就在英萨尔被迫辞职之后的一年，富兰克林·罗斯福就任美国总统。他推出了多管齐下的电力新政：资助联邦大型水力发电项目——胡佛水坝、田纳西河流域管理局，他希望由联邦来主导的水电项目建立一个服务标准，增加可以参与公用事业企业的竞争能力，并相继出台了《公用失业控股公司法》《联邦电力法》，对州际输电和电力销售进行监管，为联邦政府的电力监管提供了重要依据。电力新政作为“罗斯福新政”的一部分，恰逢美国大萧条时期出台，电作为那个时候的“新型”基础设施，赋能了美国经济的复苏。

电，本来就只是电，但现在的电是电力，计算本来是计算机的事情，但算力跟电力一样，是基础设施层面的事情。

通用计算换装

互联网的数据中心，一开始是按照计算机壮大成建筑规模来设计的，以 CPU 为核心，就像计算机出现之后，先满足的是通用计算，所以，通用计算是数据中心的第一批主角。

不管是英特尔的 x86 架构，还是 Arm 架构；不管是 CISC 指令集，还是 RISC 指令集，这些都是以 CPU（Central Processing Unit，中央处理器）作为通用处理器。CPU 的工作，主要是控制电路和缓存，只有一小部分用来做计算的逻辑运算，这样的计算，叫通用计算。

数据中心开始成为互联网公司的标配，初期也是以通用计算为主。在通用计算市场，一开始，就是英特尔和 AMD 的芯片带领着个人计算机市场的一众厂商进入整个领域，参与者基本也就是个人计算机品牌，如浪潮、联想、惠普、戴尔等。

由于数据中心面临功耗、用电的重压，以多核低功耗为特征的 Arm 架构开始发挥优势，抢占数据中心的地盘了。特别是在现在的应用环境下，大数据、分布式存储和 Arm 原生应用等场景，构建高性能、低功耗的新计算平台，成为一种必然趋势。

前文介绍过，Arm 架构的崛起在于计算终端上对于功耗的苛刻限制，如智能手机、穿戴设备、IoT 等场景，那么在功耗限制并不那么苛刻的数据中心场景，还能否继续使用 Arm 架构呢？答案是肯定的。

Arm 的技术根是 RISC 指令集，前文已经论述过了它的性能优势，同时由于终端各类应用场景的市场拉动，以及 Arm 在整个开放生态方面的打造，基于 Arm 指令集的生态已经形成，并依然在不断壮大，我们已经不用担心出现做出了 Arm 的 CPU 没有人来开发上层应用软件的尴尬局面了。同时，随着未来计算的云端一体的需求愈发明确，Arm 从端侧和边缘计算走向服务器和数据中心已经成为必然态势。

实际上在 2020 年，日本超算“富岳”就以 Arm 架构连续两年夺取了全球超算 TOP500 的第一名，“富岳”核心的浮点运算部分采用了 Arm 的指令集，同时使用 SVE 浮点单元，支持 512bit 位宽浮点运算，大幅度强化了运算能力。同年，苹果公司基于 Arm 架构自主研发的 M1

芯片也取得了亮眼的成绩，在个人计算机试水后向服务器端机型推进是一个必然的合理选择。

通用算力新引擎

那么发展至今的 Arm 计算体系，已经取得了怎样的成绩了呢？

Arm 架构已经成为当前全球最大计算生态系统的底层架构。Arm 支持的产品和技术平台涵盖从服务器、个人计算机、手机、物联设备的云边端全计算产业链。迄今为止，Arm 的合作伙伴已出货超过 1600 亿颗 Arm 的芯片，并且在过去三年中平均每年出货量超过 220 亿颗。伴随 ICT 产业核心技术生态完成从个人计算机（Wintel）到智能手机（Android&iOS+Arm）的颠覆性迁移，Arm 架构成为全球最大计算生态系统的基石和底座。

Arm 架构授权模式让合作伙伴既可以自主发展又可以共享生态平台，加速产业链多样化。Arm 的商业模式不以出售芯片为主，而是架构授权。合作伙伴可以根据自身需求，灵活选择不同的授权模式：一是架构授权模式。基于 Arm 架构，可以自主扩充指令集并升级产品；二是 CPU 核授权模式（软核和硬核）。基于 Arm CPU IP 可实现设计生产，升级则需完成新 CPU 核授权的获取。

Arm 生态在服务器领域持续创新，成效显著。Arm 技术优势不断从终端向云端扩展，随着云化进程的推进，大量基于 Arm 架构的终端业务与数据中心的云端业务维持同构，可以实现应用开发、部署和运行的无缝协同，大幅度降低开发难度，端边云协同效应显著。另外，生态优势不断推动技术进步，近年来不断涌现出新的服务器产品和解决方案，如亚马逊 AWS 对外提供的 Amazon EC2 服务，就是基于 Arm 架构，富士通基于 Arm 架构实现全球最快高性能计算，华为基于 Arm 架构鲲鹏处理器打造 TaiShan 系列服务器等。

面向服务的是计算系统，需要软件和硬件的协同发力。

ICT 技术的蓬勃发展加速计算应用创新，面对自动驾驶、云游戏、智能制造、人工智能、物联网等应用场景的多样化和数据类型的多元化趋势，传统单一架构难以满足数据处理和用户体验要求，对计算平台提出了新的挑战，驱动计算架构向多样化发展。而以 Arm 为代表的 RISC 通用架构处理器，在场景多样化计算时代具备显著优势。例如，在分布式数据库、大数据、Web 前端等高并发应用场景，单芯片核数更多的 Arm 架构处理器相比传统处理器拥有更高的并发处理效率。此外，绝大多数移动终端采用 Arm 架构处理器，云端同构为开发人员在整个生态系统的编写与优化上提供了便利，而且能够降低异构环境开发所造成的性能损失和潜在漏洞风险。

随着边缘计算的兴起和 5G 技术的快速发展，云—边—端协同将成为主流，Arm 计算平台的协同优势将更加凸显。在高性能计算领域，以 Arm、RISC-V 为代表的多样性计算平台也逐渐发挥重要作用，如欧盟 EPI（欧洲处理器计划）项目致力于打造本土基于 Arm 架构核心处理器和 RISC-V 架构加速器芯片的百亿亿级超级计算机；日本“富岳”超算系统采用自主开发的 Arm 架构处理器，成为全球首台基于 Arm 芯片的前 500 名冠军超级计算机。未来，不同应用领域间的巨大差异将催生更多的细分生态，结合上层应用的负载特征、调配处理效率最优的底层计算资源、实现计算资源利用率的最大化，将成为计算产业发展方向。

而仅有计算处理器是不够的，面向应用的计算一定是一个完备的系统，是一个完整的生态，需要的是从底层硬件、基础软件到上层行业应用的全产业链条的赋能能力。

在计算基础设施领域，华为的鲲鹏计算生态是这其中的代表（见图 4—1）。

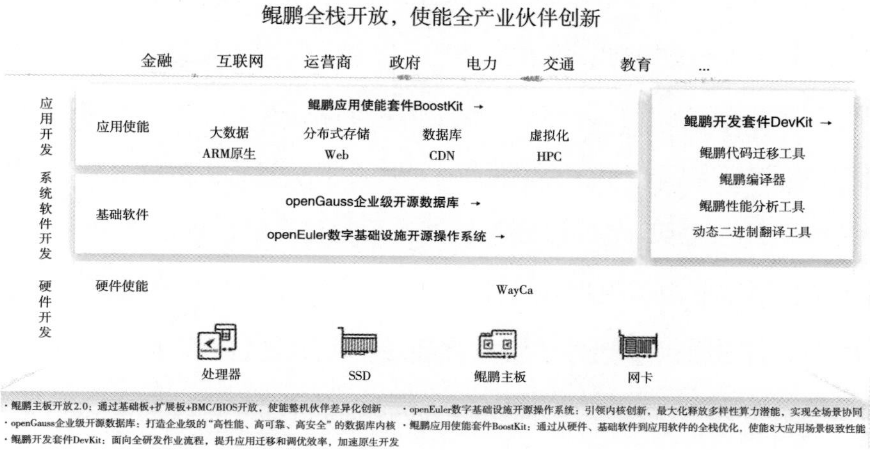

图 4—1　鲲鹏计算平台

在能力方面，鲲鹏围绕通用计算构建了全链条的能力。硬件方面，围绕鲲鹏处理器，涵盖昇腾 AI 芯片、智能网卡芯片、智能管理芯片（BMC）、SSD 控制芯片、磁盘阵列卡（RAID 卡）、主板等部件以及个人计算机、服务器、存储等整机产品。基础软件方面，涵盖操作系统、虚拟化软件、数据库、中间件、存储软件、大数据平台、数据保护和云服务等基础软件及平台软件。行业应用方面，鲲鹏计算产业生态覆盖政府、金融、电信、能源和大企业等各大行业应用，可为其提供全面、完整、一体化的信息化解决方案。

对于硬件来说，一个计算系统应该具有怎样的特性呢？总结来说，就是能够提供高效能和高性价比的整体解决方案。需要注意的是，高效能不仅仅是高性能，是在追求极致计算性能基础上对能耗也要有很好的把控，而这需要计算系统中各个环节的协同，否则整个系统就如同“木桶效应”一样，最短板的环节决定了整个系统的效能。

硬件是高能效的直接决定性因素。从落地实践来看，高能效的实现需要两个层面的集成：处理器的集成和主板的集成。以鲲鹏处理器为例，其基于多核数设计，在并发能力、能效比等关键指标上深耕细作。同时，通过优化分支预测算法、改进内存子系统架构、整合更多通道的内存控制器，鲲鹏处理器实现了超大内存带宽，从而大幅提高了应用处理效率。而搭载鲲鹏处理器的整机设计及工程实践，也是非常重要的。鲲鹏主板不仅搭载了鲲鹏处理器，内置了 BMC 芯片和 BIOS 软件，还开放相应的主板接口规范和设备管理规范给合作伙伴，提供内存、硬盘、网卡等部件以及支持的操作系统和版本的兼容性列表，解决软硬件的基础生态配套问题。

计算赋能的核心在于开放，这个开放的内涵包括了硬件能力的开放、软件开源的协同，以及合作伙伴的使能。再回到华为鲲鹏的例子，我们可以看到，在硬件开放层面，华为利用自己的硬件能力，对外提供鲲鹏主板、SSD、网卡、模组和板卡，支持合作伙伴发展服务器和个人计算机等计算产品。软件开源，openEuler（开源操作系统）、openGauss（开源数据库）、openLooKeng（开源数据虚拟化引擎）和昇思 MindSpore（AI 计算框架），使生态伙伴减少共性研发投入，聚焦差异化价值，进而构建高质量的基础软件生态。使能合作伙伴，华为提供鲲鹏应用开发套件 BoostKit 与鲲鹏应用开发工具 DevKit，为开发者提供覆盖端、边、云的全场景开发框架，支持合作伙伴应用和软件的迁移，加速行业应用创新。

计算小知识

算法和算力

这里我们引申出来两个概念：算法和算力。

何谓算法？算法是指为了完成一项任务，而对全部步骤进行准确而完整的描述。比如，我们要将大象装进冰箱，应该怎么做呢？第一步，打开冰箱门；第二步，把大象放进去；第三步，关上冰箱门。当然从实际操作来看这个步骤是否可行还有待商榷，但如果从算法的角度来看，这就是一个活生生的“算法”。

要注意的是，算法和计算机语言不是一回事，计算机语言是计算机程序设计语言，是计算机能接受的语言，用来解决人和计算的沟通问题，是由字符和语法规则组成的计算机命令。而算法则强调的是计算的步骤，就像数学中的答题过程。算法的实现需要通过计算机语言。对于计算任务来说，算法是魂，是人类设计出来的解题思想，计算机语言是根，只有将算法的理念通过计算机语言实现出来，计算机才能看得懂算法，才能将计算任务实现出来。

回到我们最开始要设计的计算机当中来。实际上人们最开始想要做的事情，就是通过设计各种各样的算法，来对人类的思维进行模拟，而这里面最好模拟的，就是逻辑思维，也就是我们所说的计算。而真正能够利用设计出的算法让机器去执行，并且计算出结果的能力，就叫作计算力。也就是说，算力，就是执行算法的能力。

算力的度量

我们衡量用电量，有一个熟悉的单位“度”，我们不用管电压多少、电流多少，按度计量就可以了。那么，如何来定义和衡量算力呢？

这就涉及一个相对复杂的问题了。为什么复杂呢？从前面论述我们已经可以看到，计算本身就是一个非常复杂的系统，如果想要对一个复杂系统进行量化分析的话，是一件非常困难的事情。好在人类在复杂系统的分析方面，已经确立了一个基本原则，就是“复杂的系统一定是分层分级的”。

这个指导思想，对于同为复杂系统的计算系统同样适用。因此，对于算力的定义和衡量，我们也必须分层分级地去解析和量化。想要通过一个指标去刻画整个算力系统的能力，目前来看依然是一个可以做，但做出来难免挂一漏万的工作。

那么，如何来对计算系统进行分层呢？其实这涉及了很多领域的知识，包括计算机组成、软硬件架构、通信原理与协议等多个体系，为了更方便理解，我们在这里用乐高积木模型对整个计算系统来进行类比，尽管在技术层面可能存在不准确的描述，但对于理解整个算力体系的逻辑构建，还是比较形象的。

首先，我们来看看最基础的小积木块——数据本身。计算的对象是数据，那么衡量算力的一个最基础的指标就是能够计算的数据范围到底有多大。算盘能够运算加减乘除，也能算一算零以后的小数，但用过算盘的人都知道，用算盘做乘除法甚至小数计算的时候需要背诵的口诀有多复杂，而且所能计算的数字范围是多么有限，要想去算更精确的小数或者更大的大数，我们恐怕要把算盘再造的更大更长一些，因为只有这样，用来表示数字的位数才够。

再来看看我们最常使用的计算器，其实也面临着相同的问题。一个计算器屏幕相当有限，小数位数太多，算不了，大数范围太大，也算不了，因为屏幕就那么大，不管用什么方式，所能计算的数值无论是精度还是范围都被限制住了，计算不了更大更精确的数字。

我们在数学领域，对于数的定义是相当丰富的。从宏观维度来看，数本身可分为狭义数和广义数，狭义数指的是数字本身，而广义数则还代表了狭义数的各种集合，如向量、矩阵、张量、群、环，等等；狭义数分为实数和虚数，实数又分为有理数和无理数，有理数又分为整数、分数和小数，小数又包括有限小数和无限小数，等等。

之所以在纯数学领域就衍生出了这么复杂的数字体系，是因为人们在实际的生产生活中有计算的需求，需要将生活中的某个对象抽象为一种合适的数字，从而完成对它的计算。所以，这也就解释了，为什么当年图灵写出的《论可计算数及其在判定问题上的应用》的论文中定义了可计算数，图灵也被誉为计算机的理论先驱。而我们前面提到的算盘、计算器是无法计算这么多种类的数字的。因此，计算能力的衡量，最基本的一个要素就是，能够计算的数字类型到底有多少。

好在这个很复杂的问题经过一代代科学家和工程师的共同努力，已经基本解决了。在计算世界里，一切类型的数字都可以被抽象成二进制来表示，通俗来讲就是我们用 0 和 1 这两个数字，通过不同的组合，就能够表示上面提到的所有类型的数字。回到算力度量的场景，这个指标就被起名为“精度”。如同算盘有多少个梁和计算器屏幕有多少位一样，在计算机系统中，我们用多少个存储积木来存储数据，直接决定了所能计算的数字范围及精度的大小。

在计算机系统中，每个基本的存储单元都被设计为存储 8 个二进制数，这个存储单元被称作一个字节。如果一个存储单元被定义为表示一个整数，那么它的度量精度就叫作整型，用 INT 8 来表示，其中 INT 是整数 Integer 的简写，而后面的 8 则表示这个数字占用了一个基本存储单元的 8 位地址。那么如何表示一个小数呢？这就需要用多个字节来表示了，使用的字节越多，所能够表示的精度就越大。在 1985 年，IEEE-754 正式对小数的表示进行了标准化，并在 2008 年进行了更新。两个字节所能表示的小数范围为 6×10^{-8} 到 65504，被称作单精度 FP 32，用四个字节所能表示的小数范围为 -3.4×10^{38} 到 3.4×10^{38}，被称作双精度 FP 64，所能表示的数字范围为 -2.23×10^{308} 到 1.79×10^{308}。随着精度的扩大，计算机所能表示的数字范围越来越大，也越来越精确，但付出的代价也是占用的存储单元越来越多，并带来后续的一系列计算代价。

解决了数的存储问题，第二层就要解决算的问题了。如同我们定义了加减乘除四则运算是基础算法一样，在计算系统的体系中，我们也定义了如同加减乘除一样的基本操作，不同之处就在于其操作在四则运算的基础上补充了完整的科学计算操作。从计算机科学角度来看，操作包含了运算符及操作数两个部分，操作数就是我们上面所说的存储，每一次操作指的就是芯片对操作数使用运算符完成一次计算的过程。

算力在第二个层面的度量，就是用每秒能完成的操作数来量化的。这个度量单位由于面向操作数种类的不同，而分成了两大类。第一类是针对通用操作数的度量，一般用 OPS（Operations Per Second）来表示，包括 TOPS（Tera Operations Per Second）、GOPS（Giga Operations Per Second）、MOPS（Million Operations Per Second）等；第二类是针对浮点型操作数的度量，一般用 FLOPS（Floating-Point Operations Per Second）来表示，包括 PFLOPS（Peta Floating-Point Operations Per Second）、TFLOPS（Tera Floating-Point Operations Per Second）、GFLOPS（Giga Floating-Point Operations Per Second）、MFLOPS（Million

Floating-Point Operations Per Second）等。

可以看出，面向的操作数不同，系统实际能提供的算力是不一样的。OPS和FLOPS所衡量的算力是有很大差别的。比如，100TOPS和100TFLOPS尽管数值完全相同，但针对精度更高的浮点数所提供的100TFLOPS具有更高的算力水平，因为针对浮点型数据的计算需要用到更为复杂的指令系统，其工程的实现要比整数的加减乘除更为复杂。

实际上，精度是算力水平的一个重要衡量指标，由于面向不同应用场景所需要的精度水平是不一样的，因此如果仅看数字是无法客观评价一个算力的好坏的。实际上要确定不同精度算力的性能，需通过各自应用领域内的专用测试程序来测试，例如，用于测试超级计算机性能的Linpack测试专注于双精度算力；用于智能计算机性能的Resnet-50则专注于半精度算力。

下一个层级的度量就是指令层面了。如果说前两个层面对于算力的度量仅仅局限在计算本身，那么指令层面实际上就大大扩展了计算的范畴，同时也围绕着系统资源调度、系统管理等添加了相关基础性的操作指令。如同本书第三章第三节所述，这里不再展开。

以上算力度量的指标，都是以单个计算机为单位进行度量的，若在数据中心场景，除了单体算力的评估外，更需要对融合了计算能力、网络能力和存储能力的数据中心计算系统进行统筹的考量。根据中国信息通信研究院发布的《数据中心算力白皮书》，数据中心算力模型如下：

$CP=f$（通用算力，高性能算力，存储能力，网络能力），其中通用算力主要是衡量CPU的算力，高性能算力主要衡量GPU的算力，存储能力主要衡量存储介质的每秒数据吞吐量，网络能力则主要衡量网络能力的每秒数据吞吐量。

第二节　图形处理引发的挑战

说到计算机，大家脑海中出现的图像一定是一个硕大的甚至有点笨重的显示器，而不是堆放了一堆芯片电路板的复杂主机。因为人类和计算机的沟通，图形图像的方式是最为直观的。从最开始的纸卡，到只能显示数字的液晶屏，从单调的命令行，到丰富多彩的动画界面，我们看到的计算机正在用越来越丰富多彩的形式与我们互动。这有好处，也有坏处。好处是我们已经愈发忘记了计算机计算的本质，因为图形图像的包装实在是太好了；坏处是很多人都没有意识到，丰富多彩的图形背后，是海量的算力支撑的。

最开始，通用计算还足够强力，图形算力需求还不算太多，但多媒体的出现，将图形处理的算力需求直接提升了几个数量级，通用计算能够分给图形计算的份额已经越来越多，哪怕其他计算任务都不保障了，通用算力也依然捉襟见肘。特别是图片、视频越来越成为数据的主力军，以及大数据、人工智能等技术应用的深入，使图形处理再次成为迫切需求。直到这个时候，人们才发现图形算力的需求是必须要正视和解决的严重问题了。

图形算力成为刚需

数字图像的处理，最开始和计算机是相对独立发展的。而随着计算机技术的发展，越来越多的数字图像处理任务由计算机完成，导致计算机技术与数字图像处理两者之间结合越来越紧密。随着计算技术与理论技术的成熟，以及相关应用的大规模商业化应用，专门针对数字图像的专用算力成了最为成熟的代表应用。

数字图像处理的最早应用之一是在报纸业。早在20世纪20年代初期，Bartlane电缆图片传输系统（纽约和伦敦之间的海底电缆，经过大西洋）传输一幅数字图像所需的时间由一周多减少到小于3个小时。为了用电缆传输图像，首先要对图像进行编码，然后在接收端用特殊的打印设备重构该图片。

直到20世纪60年代，由于信息技术的高速发展，人们才能够用计算的方式处理数字图像。1964年，“旅行者7号”拍摄的图像通过计算机进行处理，提高了图像质量；这个技术也在阿波罗载人登月飞行等空间探测器中得到应用。

20世纪70年代，如何使用计算机进行图像解释的研究开始启动。第一个真正的3D图形卡始于早期的显示控制器，即视频移位器和视频地址生成器（Video Shifters and Video Address Generators）。它们充当主处理器和显示器之间的直通通道（Pass-through），传入的数据流被转换为串行位图视频输出。

图形化显示是针对图形应用的第一步，图形芯片及图形卡也成了图形算力的主要供给。但需要注意的是，此时图形和计算机的融合才刚刚起步，图形芯片及图形卡仅能承担图形显示及图形处理的部分专用功能，而涉及的相关计算，则是由计算机所提供的通用算力完成的，或者说，针对图形的处理在当时还没有必要打造专门的算力。

个人计算机的图像化显示，促进了图形芯片的发展。1978年，摩托罗拉推出了MC6845视频地址发生器。这成为1981年IBM个人计算机的单色和彩色显示适配器（MDA/CDA）卡的基础，并且为Apple Ⅱ提供了相同的功能。摩托罗拉于同年晚些时候添加了MC6847视频显示生成器，并将其引入了第一代个人计算机。

图形卡发展的下一步主要是在专业领域。其中，工业和军事 3D 虚拟化技术相对完善。IBM、通用电气和 Martin Marietta（1992 年收购了通用电气的航空部门），以及大量的军事承包商、技术研究所和美国国家航空航天局（NASA）开展了各种项目，这些项目需要技术用于军事和太空模拟。海军在 1951 年还利用麻省理工学院的 Whirlwind 计算机使用 3D 虚拟化技术，开发了飞行模拟器。

现代图形卡用户界面（GUI）的起源是在 1961 年。Evans & Sutherland 公司为 CT5 飞行模拟器提供了图形卡，CT5 飞行模拟器由 DEC PDP-11 大型机驱动，耗资 2000 万美元。该公司的共同创始人伊凡·苏泽兰（Ivan Sutherland）于 1961 年开发了一个名为 Sketchpad 的计算机程序，该程序可以绘制几何形状并使用光笔在 CRT 上实时显示。而这也成为现代图形卡用户界面的起源。

1962 年，麻省理工学院的博士伊凡·苏泽兰发表的论文以及他的画板程序奠定了计算机图形学的基础。在随后的近 20 年里，计算机图形学在不断发展，但是当时的计算机却没有配备专门的图形处理芯片，图形处理任务都是 CPU 来完成的。

通用算力因为无法满足专用的计算需求，才催生了专用的算力供给。哪个领域的图形图像处理需要如此巨大的图形算力呢？当然是对人的视觉体验来说一个相当重要的领域，那就是电影。

这里不得不提的一个公司就是硅图公司（SGI），S 代表超级计算机，G 代表图形工作站，I 代表具有突破性的洞察力。实际上，SGI 是高能计算系统、复杂数据管理及可视化产品的重要供应商，大家耳熟能详的《侏罗纪公园》《指环王》《泰坦尼克号》等电影都是由 SGI 提供专属图形算力完成的。

1984 年，SGI 公司推出了面向专业领域的高端图形工作站，于是，出现了专门的图形处理硬件，俗称图形加速器。它们开发的图形系统引入了许多经典的概念，如顶点变换和纹理映射。在随后的 10 年里，SGI 又不断研发出了一系列性能更好的图形工作站。但是，由于价格非常的昂贵，这些图形工作站在消费级市场很难获得普及，用户非常小众化。而这段时期，在消费级领域，还没有专门的图形处理硬件推出，只有一些 2D 加速卡。

游戏领域对于图形计算的需求，成为继电影之后的另一个爆点。

1995 年，3dfx 公司（显卡与 3D 芯片供应商）发布了消费级领域史上第一款 3D 图形加速卡 Voodoo，这也是第一款真正意义上的消费级 3D 显卡。随后的几年，AMD 公司和 ATI 公司（2006 年被 AMD 公司收购）分别发布了自己的 TNT 系列与 Rage 系列显卡。它们已经从硬件上实现了 Z-缓存和双缓存，可以进行光栅化之类的操作，同时也实现了 DirectX 6 的特征集。CPU 终于从繁重的像素填充任务中解脱出来。当然，由于当时的技术不成熟，顶点变换还是必须在 CPU 中完成，光栅化之后的像素操作也很有限。

尽管 CPU 已经能够从图形算力供给中解放出来一大部分了，但实际上，催生 GPU 的是游戏。

这个时间定格在 1999 年 8 月，英伟达公司发布了一款代号为 NV10 的图形芯片 Geforce 256。Geforce 256 是图形芯片领域开天辟地的产品，因为它是第一款提出 GPU 概念的产品。它的出现，让显示芯片具备了以前只有高端工作站才有的顶点变换能力，同时期的 OpenGL 和 DirectX 7 都提供了硬件顶点变换的编程接口。GPU 的概念因此而出现。

仅有硬件是不够的，就像当年计算机面临的软件荒一样，图形处理也需要软件给力。因此，基于硬件的软件产品也开始了蓬勃发展。这期间，软件的主要玩家是微软公司的 DirectX 和开源的 OpenGL，硬件玩家是英伟达和 ATI。

2001 年微软公司发布 DirectX 8，开始引领图形硬件标准。同年，英伟达发布了 Geforce3，ATI 发布了 Radeon 8500，然而这两种 GPU 的可编程性都未做到最好（不支持像素编程）。

2002 年底，微软发布了 DirectX9. 0b，次年，英伟达和 ATI 发布的新产品都同时具备了可编程顶点处理和可编程像素处理器，具备了良好的可编程性。从此，开发人员可以根据自己的需要灵活地控制渲染过程，编程时无须再过度关注 GPU 的其他硬件特性，重点关注其可编程性即可。从此，GPU 又多了一个可编程的属性，也叫作可编程图形处理单元。

随着 GPU 技术的进一步成熟，其架构也在逐渐走向统一。流处理器的提出使得 GPU 的工作效率大幅提升，甚至使其能够由单纯的渲染转向通用计算领域。至此，面向图形图像的算力被彻底从 CPU 的通用算力中剥离出来，使得 CPU 的算力能够更加专注于通用计算类任务，也开启了一个崭新的图形图像算力产业新赛道。

进击的 AMD

说到这里,终于可以讲讲紧跟英特尔、前几十年都过得非常隐忍的 AMD 公司了。

AMD 和英特尔都是从仙童半导体里走出来的企业，AMD 和英特尔长期调性保持一致，而英特尔对待 AMD 就像思科对待 Juniper 一样，长期处于随时都可以拿现金收购，但又不得不“养着”这个竞争对手的状态。英特尔在 20 世纪 80 年代成为 IBM 的供应商，作为 IBM 的供应商，IBM 的采购有一个原则：必须有超过两家以上的公司参与竞标，合理的成为 IBM 的供应商，所以英特尔需要有 AMD 这个小伙伴，没有 AMD，英特尔会面临反垄断法的麻烦。

英特尔的主流 x86 架构，除了自己可以用，这世界上唯一一个获得永久使用权的就只有 AMD 了。当然，这中间也经过了很长时间的官司，也有其他家公司获得过 x86 架构的授权，但这些公司要么已经经历了被收购，要么就已经被英特尔撤销授权。总之，x86 架构的芯片只有英特尔和 AMD 才有。在个人计算机时代，AMD 的生存之道，就是克隆英特尔的芯片，把价格做便宜，赢得客户。当然，在面对 RISC（精简指令集计算机）围攻的时候，他们的利益是一致的。所以，他们是相爱相杀的“友商”。

AMD 这个“小弟”的地位渐渐有所上升。

英特尔在 2005 年 5 月 26 日，发布了桌面第一款双核 CPU 奔腾 D（Pentium D），虽然内部是由两颗 Pentium 4 组成，后来还被证实为“高发热、低性能”，但也算是历史上第一款双核了。约 1 周后，AMD 拿出了自家的双核 Athlon 64 X2，并主动挑起了“真假双核”的著名口水战。AMD 之所以有这个底气，是因为 Athlon 64 X2 可以说是 AMD 历史上最成功的 CPU，凭借 K8 微架构的优势，功耗控制、双核性能，这些都领先英特尔的 Pentium D。正是凭借着这次在多核领域的翻身仗，AMD 在 2004—2006 年可谓是赚足了眼球和钞票。

英特尔当然不甘示弱，在 2006 年底发布了首款 4 核 CPU，Core 2

Quad，尽管 AMD 跟进发布了四核 Phenom（羿龙），但无论是性能还是功耗，均不如前者。但是 AMD 还是坚定了以多核心取胜的决心，同时辅以性价比和整合平台优势，闯出了一片天地。

2009 年，AMD 在多核 CPU 中悄悄地埋下了一个“开核”的彩蛋。从 Phenom II X3 开始，人们发现，AMD 某些产品可以强制打开被屏蔽的物理核心，免费获得一个甚至几个档次的性能提升。之后两年，陆续出现了很多经典“开核”CPU，包括 Athlon X2 5000、Athlon II X3 440、Athlon II X2 220、Athlon II X4 640 等，无疑又大大提高了这些产品的性价比。2010 年，桌面 CPU 迈进六核心时代，英特尔率先发布六核 Core i7。一个月后，AMD 也发布了自家的六核 Phenom II X6，相比当时的一代 Core i7/i5，它在多任务、多线程性能上有一定优势，但最重要的还是性价比高。

2017 年是 AMD 的一个重要之年，AMD 正式发布了 x86 处理器核心——“Zen”架构，在架构上有很多先进设计。这个时候，英特尔意识到，“小弟”长大了。

在人工智能时代第三次汹涌而来的时候，AMD 又看到了一丝曙光。2006 年 7 月 24 日，AMD 宣布收购 ATI，从此 ATI 成了 AMD 的显卡部门；2020 年 10 月 27 日 AMD 以 350 亿美元的价格收购 Xilinx（赛灵思）。赛灵思是 FPGA、可编程 SoC 及 ACAP 的发明者。

人工智能，需要的是另外一种计算思路。

逆袭的英伟达

AMD 奋斗多年，都没能摘掉“老二”的帽子，令英特尔让出芯片行业市值第一宝座的却另有其人。智能手机迅猛发展的时候，高通的市值曾经超过英特尔，而在人工智能汹涌而来的时刻，却是当年 Wintel 联盟的边缘合作伙伴——做 GPU 起家的英伟达（NVIDIA）。

2020 年 7 月 8 日美股收盘后，英伟达首次在市值上实现对英特尔的超越，因为 GPU 图形处理器可以减少对 CPU 的依赖，并进行一些原本由 CPU 来完成的工作，如图形处理、视觉处理、计算机的显示等，这些原本是游戏计算机、工作站等设备上的重要配置。

人工智能的这一波浪潮，是由机器学习带动的，深度学习科学家在算力紧俏的情况下，想到了用图形处理能力更强的 GPU 代替 CPU 来从事机器学习。GPU 原本只是处理图像的芯片，因为适合处理深度学习经常面对的非线性离散数据，被派上了新的用武之地，它就像一个严重偏科的大脑。

GPU 的生产商主要有英伟达和 ATI，ATI 已经被 AMD 收购，英伟达也有了逆袭英特尔的故事。所以，英伟达现在把自己称作一家人工智能计算公司。

英伟达因为在 GPU 上的积累，一直在 AI 芯片中扮演重要角色，其推出的以 A100 为代表的一系列芯片面向数据中心应用场景。而且，在自动驾驶汽车芯片市场，英伟达在 2015 年就推出了车载计算平台，此后持续迭代，在自动驾驶芯片市场已处于领先位置。

第三节　“专用”的人工智能算力

计算是为了预测，人“计算”之初，就是想知道明天有没有吃的，明年要播种多少，收获多少，够不够吃等。埃达·拜伦传承着查尔斯·巴贝奇计算机的理念，他也在想，机器能不能思考？计算机刚刚出现时，在二战的炮火中，艾伦·图灵、克劳德·香农就在喝下午茶的时候讨论过人工智能的问题了；艾森豪威尔将军自己还不知道自己赢得了美国大选，UNIVAC（通用自动计算机）就提前预告，他获胜了。

对于人来说，预知未来是计算的初衷，计算的终极目标就是实现智能！

这几年，大家开始在说，人工智能实现了……但其实，实现真正想要的人工智能，还有很远的距离。从计算机出现开始，人工智能就经历了三次大风大浪。

三起两落的人工智能

计算的终极目标是什么？实现智能。实际上计算机设计之初，科学家就希望可以设计出一种能够模仿人类的机器，这个机器所能做成的事情，绝不仅仅是计算那么简单。计算机诞生之初，就召开了一个标志着人工智能诞生的会议——达特茅斯会议。会议中，约翰·麦卡锡、马文·明斯基、克劳德·香农、艾伦·纽厄尔、赫伯特·西蒙等人聚在一起，其中有计算机科学家，有经济学家，还有信息论创始人，他们讨论着一个解放人类大脑的主题：用机器来模仿人类学习以及其他智能。

人工智能可以说是和计算机算力相伴相生的。这也是从 1941 年世界上第一台计算机出现到人们开始用非科幻小说的方式来讨论人工智能，仅仅隔了 10 年时间的原因。1956 年的达特茅斯会议，正是受到了阿西莫夫提出的机器人三定律以及 1950 年图灵提出的图灵测试的影响，才得以召开的。

全球第一次人工智能浪潮，大概是在 1956 年到 1974 年。因为这个时代是伟大算法迸发的时代。注意这里说的是算法，并不是算力。

算法浪潮的迸发给了人们极大的信心，人们认为，如果足够牛的算法我们都能设计出来，那么距离全面用算法模拟人类思想岂不是指日可待了？这时候被人们忽视的算力，给了理想主义一记狠锤。

工程师在将科学家提出的算法编程写入计算机的时候，发现了一个很现实的问题：很多算法的复杂程度是以指数程度增加的，这对于当时英特尔第一块 4004 处理器所能提供的算力来说，可谓是理想很丰满，现实很骨感。为什么呢？算不动呀！

尽管第一次人工智能因为算不出来而很快进入了“寒冬”，但总体来说，还是有两个里程碑式的进展的：第一就是人们深刻地认识到了算力的重要性，第二就是尽管一系列世界级算法在那个时候迸发，但这些算法都不能够创造出可以学习人类智慧的机器。

美国的自动语言处理咨询委员会（ALPAC）于 1966 年对人工智能发展进行了评估，其次是“光明山报告”在 1973 年评估了人工智能的可行性，剖析了当时的发展情况，并得出了结论：人工智能并没有创造可以学习人类智慧的机器的可能性。原因是输入给算法的数据有限，并且机器计算能力有限。在此背景下起草的两个文件，使整个人工智能领域的研究停滞了 10 年。

第二次人工智能浪潮出现于 20 世纪 80 年代。这次浪潮是由算力推起来的。卡耐基·梅隆大学（CMC）于 1980 年为 DEC 公司制造出了专家系统，在决策方面能提供有价值的内容。受此鼓励，很多国家包括日本、美国等于 1982 年都再次投入巨资，开发所谓的第 5 代计算机，当时就直白地给其命名为人工智能计算机。

这样一来，不仅算力有了保障，算法也同样出现了一系列的重大发明。

那么问题来了：算力有了，算法突破了，可这一波人工智能浪潮又走不动了，为什么呢？

看似完美的解决方案，其实存在两个致命伤：第一就是当时开发出来的人工智能计算机，提供的算力是用来做专家系统决策的，其实并没有解决算法所需的算力问题；第二就是专家系统计算机可谓真的生不逢时，因为投入巨资只能用来做专家系统的计算机距离1987年爆发的个人计算机时间实在是太短了。

事实上，这个时期，整个人工智能领域都进入了瓶颈期。当时的计算机水平，有限的内存和处理速度，都不足以解决任何实际的人工智能问题。要求程序对这个世界具有儿童水平的认知，研究者很快发现这个要求太高了：1970年世界上第一个关系型数据库才刚刚问世，所以根本没人能够做出如此巨大的数据库，也没人知道一个程序怎样才能学到如此丰富的信息。

第三轮人工智能的兴起，可以说是落后的算力终于追上了先进的算法，而这背后的功臣，则是摩尔定律。

单位体积算力的不断提升，使得计算机终于能够真正实现10年前就早已提出的奠基性算法，这也使得每一轮兴起最大的金主和推动者——政府又看到了资助人工智能的曙光。

1993年，麻省理工学院COG项目使用动态分析和规划工具建立了一个人形机器人，标志着第二轮人工智能的“寒冬”结束了，这算是对美国政府自1950年以来对人工智能的所有资助有了一个交代。

1997年AI“深蓝”击败棋手加里·卡斯帕罗夫，使得人工智能重回顶峰。实际上20世纪90年代初到21世纪初，成了第三轮人工智能兴起的重要分水岭。海量奠基性算法在此期间被提了出来，包括1990

年的 Boosting 算法、1995 年的支持向量机（Support Vector Machine，SVM）、2001 年的决策树等，都是现在在用的奠基性算法。

2016 年 3 月 9 日，谷歌旗下 DeepMind 公司的围棋人工智能程序 AlphaGo 战胜围棋世界冠军李世石，让人工智能再次吸引了全球目光。这是机器学习技术发展的重要成果展现。

有“神经网络之父”之称的杰弗里·埃弗里斯特·辛顿（Geoffrey Everest Hinton）在 2006 年，提出了神经网络 Deep Learning 算法，使神经网络的能力大大提高，开启了深度学习在学术界和工业界的浪潮。深度学习网络应用随后大放异彩。

为什么深度学习最先成为人工智能的可应用技术呢？深度学习可以让那些拥有多个处理层的计算模型，来学习具有多层次抽象的数据的表示。这些方法在许多方面都带来了显著的改善，包括最先进的语音识别、视觉对象识别、对象检测和许多其他领域，如药物发现和基因组学等。深度学习能够发现大数据中的复杂结构。

2016 年前后，不仅仅是 AlphaGo 战胜围棋世界冠军李世石这个事情引发关注，更重要的是，深度学习出现了应用契机。

回看人工智能的起起落落，其实正是跟人类的孜孜以求息息相关，就是如何在有限的资源下做有用的事情，从计算的角度来看，就是如何让有限的算力满足更多算法的需求。

在新的数学工具方面，原来已经存在于数学或者其他学科的文献中的数学模型，被重新发掘或者发明出来。当时比较著名的几个成果，包括最近获得图灵奖的图模型以及图优化、深度学习网络等，都是大约在 15 年前重新被提出来，并重新开始研究。

新的理论方面，由于数学模型对自然世界的简化有着非常明确的数理逻辑，这使得理论分析和证明成为可能，可以分析出到底需要多少数据量和计算量来获得期望的结果，这对开发相应的计算系统非常有帮助。

更重要的一方面，摩尔定律让计算越来越强大，而强大的计算机很少被用在人工智能早期研究中，因为早期的人工智能研究更多地被定义为数学和算法研究。当更强大的计算能力被转移到人工智能研究后，显著提高了人工智能的研究效果。

最划算的办法

我们再来看看，人工智能这次为什么能够卷土重来？

从应用需求来看，痛点应用已经足够突出，应用场景数据已经体量够大，云计算伴随移动互联网的蓬勃发展，酝酿出了海量的使用场景及数据闭环，应用需求再次迸发。从技术储备来看，卷积神经网络、反向传播算法等系列算法终于能够被计算机求解出来。

那么，这些算法为什么需要专门的算力来实现呢？之前投入巨大制造出来的通用算力为什么就不能用来完成人工智能的任务呢？想要回答这个问题，我们首先需要了解的就是本轮以深度学习为代表的人工智能所需要的算力具有三个非常显著的特性。

第一个特性是以深度学习为代表的人工智能所需计算，大部分场景仅需要对低精度的数值进行计算即可，也就是说人工智能的计算不需要去计算复杂的浮点数、复数等，只需要能够计算一般的整数及小数即可。本章第一节对于数值的精度做了详细的解说，相关其他背景内容读者可返回参阅。实际上，从人工智能实际应用场景来看，一般 8 比特（int 8）即可满足 95％以上的计算场景需求，我们根本就用不到 FP32、

FP16 等高精度计算。

第二个特性，是人工智能所需要做的计算步骤相对来说是非常简单的。从本章第一节对于计算体系的描述来看，人工智能计算实际上只需要用到很小的操作指令集。在过去 40 年中开发的众多基于 CPU 实现的通用程序并行运行机制，如分支预测器、推测执行、超线程执行处理核、深度缓存内存层次结构等，对于人工智能计算来说都是不必要的，人工智能的计算只需要能够很快很节能地进行矩阵乘法、向量计算、卷积核等线性代数计算即可。

如果说前两个特性是在通用计算的基础上做减法，那么第三个特性则是做了一个很重要的加法。这个增加的特性，就是分布式计算场景下的海量数据通信特性。为什么在这里引入了分布式的概念呢？因为本轮人工智能崛起背后所需要计算的深度学习模型实在是太大了。大到什么程度呢？北京智源研究院“悟道 2.0”模型有多达 1.7 万亿个参数，深圳鹏城云脑Ⅱ“鹏程·盘古”大模型参数量达 2000 亿，超过国外 OpenAI GPT-3 模型 1750 亿参数量。这么大的数学模型，在任何一个单独的芯片、单独机器上都是无法完成的，因此必须要将多个算力单元叠加在一起，用“异构”的方法来分布式地完成这么大量的计算任务。异构技术已经成为现在的重要技术，在后面我们还会展开来讲。

人工智能模型已经无法在单芯片完成计算，多芯片多场景的异构计算需求使得人工智能计算必须考虑分布式的计算通信以及计算任务的协同调度，从而实现密集且高效的数据传输交互。而这个特性恰恰是当今以冯·诺依曼架构为核心的计算技术体系所最不擅长的。因为冯·诺依曼架构中一切都是围绕计算这个任务来构架的，计算单元的设计类似于标准化配置，能够高效工作的前提是标准化的配置需要一直不停地打怪升级。人工智能计算场景下，在摩尔定律疲态尽显的情况下，这个标准化配置显得有些不能得心应手了，需要修炼出特殊技能。

那么，为什么我们之前用来做通用计算的算力不合适来做人工智能了呢？其实主要原因就是两个：一是不划算，二是性能低。

为什么不划算？从人工智能算力的前两个特性就可以看出，人工智能的计算真的用不到通用算力的大部分能力。举个不恰当的例子，用通用算力来做人工智能计算，就好比买了一个配置很高的电脑却只用来玩扫雷游戏一样，从性价比来看真的是太低了。

为什么性能低？从人工智能算力的第三个特性可以看出，决定人工智能算力大小的其实并不是计算能力，而是通信能力，而通用计算的短板恰恰就在通信这里被卡得死死的。如果我们用通用计算去做人工智能，不是不能做，但性能真的是令人担忧的。

人工智能算力的根技术

从上文的分析可以看出，尽管通用计算能够完成人工智能相关的计算任务需求，但无论是从效率还是经济性来看，通用计算都已经不是人工智能算力最有效、最划算的解决方案。如果说我们之前所介绍的算力是通用算力的根技术的话，那么人工智能由于其算力的特殊性，将需要一个不同于通用计算的新的技术根。

那么从实际需求来看，我们有没有必要去打造这个新的技术根呢？实际上是非常必要的。以机器学习为代表的人工智能技术，在包括自然语言处理和机器视觉应用等方面已有超越人类的出色表现。需要人工智能赋能的领域扑面而来，随之而来的是数据使用量和替代计算量剧增。

根据 OpenAI 统计，从 2012 年至 2019 年，随着机器学习“大深多”模型的不断演进，所需计算量已经翻了 30 万倍，模型所需算力呈现阶跃式发展。据斯坦福 *AI INDEX* 2019 报告统计，2012 年之前，人工智能的计算速度紧追摩尔定律，每两年翻一番。2012 年以后，则直接缩短为每 3—4 个月翻一番。面对每 20 年才能翻一番的通用计算供给能力，算力显然已捉襟见肘。

显然，过去摩尔定律的经验已经过时了。通过扩展单体计算能力已经无法满足实际工程需求，整合多个异构系统，采用分布式系统的计算策略完成机器学习的高效训练及推理已经成为业界的努力方向。

就重要性而言，人工智能时代“根技术”的影响力将不逊于个人计算机时代。所谓“根技术”是指那些能够衍生出并支撑着一个或多个技术簇的技术。根技术是技术树之根，为整个技术树提供持续滋养，很大程度上决定着技术能不能枝繁叶茂。

从整体上来说，人工智能的根技术主要分为三部分，最底层的硬件基础设施、中层的软件基础设施，以及上层的应用层（见图 4—2）。其中，应用层因为更偏向应用和解决方案，合起来一起作为应用与技术层。其中硬件基础设施部分还可以分为 AI 处理器和 AI 硬件设备；软件基础设施则可以再分为芯片使能、AI 框架以及开发使能平台。

AI 硬件基础设施和传统算力数据中心最大的不同，就是提供 AI 算力的芯片。实际上对于 AI 专属芯片的探索早在 2010 年就开启了，法国科学院院士 R. 特曼（Roger Temam）教授在国际计算机体系结构大会（ISCA）的主题报告上提到，机器学习硬件加速器是处理器微结构领域极有吸引力的一个发展方向，是处理器技术、应用和机器学习发展的大势所趋。在 2012 年的国际计算机体系结构大会上，特曼教授提出了第一个机器学习加速器设计，表明其在以神经网络为基础的一大类应用上是可以以很小的面积和功耗获得高性能的。但此工作的主要局限性在于其内存带宽。

应用层	应用
软件基础设施	开发使能平台
	AI 框架
	芯片使能
硬件基础设施	AI 芯片

图 4—2　人工智能根技术

2018 年，华为发布首个国产 AI 异构计算架构 CANN（Compute Architecture for Neural Networks），是以提升用户开发效率和释放 AI 硬件算力为目标，专门面向 AI 场景的异构计算架构。CANN 支持包括 MindSpore、TensorFlow、Pytorch、Caffe 在内的业界多种主流 AI 框架，并提供 1300 多个基础算子，可实现网络模型图级和算子级的编译优化、自动调优等功能。同时具有开放易用的 ACL（Ascend Computing Language）编程接口，为开发者屏蔽底层处理器差异，轻松开发深度神经网络推理应用，而无须关心计算资源优化的问题。

再看全球市场，人工智能专用算力的首秀则是大家耳熟能详的围棋人机大战。2016 年，那场世界著名的围棋人机大战背后，正是谷歌的

TPU 芯片撑起了智能算法的一片天。何谓 TPU？简单地说，它是谷歌在 2015 年 6 月的 I/O 开发者大会上推出的计算神经网络专用芯片，为优化自身的 TensorFlow 机器学习框架而打造，主要用于 AlphaGo 系统，以及在谷歌地图、谷歌相册和谷歌翻译等应用中，进行搜索、图像、语音等模型和技术的处理。

区别于 GPU，谷歌 TPU 是一种 ASIC 芯片方案。ASIC 全称为 Application-Specific Integrated Circuit（应用型专用集成电路），是一种专为某种特定应用需求而定制的芯片。但一般来说，ASIC 芯片的开发不仅需要花费数年的时间，且研发成本也极高。对于数据中心机房中 AI 工作负载的高算力需求，许多厂商更愿意继续采用现有的 GPU 集群或 GPU＋CPU 异构计算解决方案，也甚少在 ASIC 领域冒险。

既然这样，为何谷歌要开发一款基于 ASIC 架构的 TPU 呢？实际上，谷歌在 2006 年起就产生了要为神经网络研发一款专用芯片的想法，而这一需求在 2013 年也开始变得愈发急迫。当时，谷歌提供的多种产品和服务，都需要用到深度神经网络。在庞大的应用规模下，谷歌内部意识到，这些夜以继日运行的数百万台服务器，它们内部快速增长的计算需求，需要数据中心的数量再翻一倍才能得到满足。然而，不管是从成本还是从算力上看，内部中心已不能简单地依靠 GPU 和 CPU 来维持。

前面讲云计算的时候，我们就提到过，谷歌在基础设施的研究上，一直都有很多积累，这些积累也让谷歌成了云计算的提出者。同样，在 TPU 的研究上，谷歌的 TPU 的研发也起步较早。

经过研发人员 15 个月的设计、验证和构建，TPU 在 2014 年正式研发完成，并率先部署在谷歌内部的数据中心。除了在内部秘密运行了一年外，谷歌 TPU 还在围棋界斩下一个个“人机大战”的神话，这就是我们都知道的 AlphaGo 的故事。

在使用 TPU 之前，AlphaGo 曾内置 1202 个 CPU 和 176 个 GPU 击败欧洲围棋冠军樊麾。直到 2015 年与李世石对战时，AlphaGo 才开始使用 TPU，而当时部署的 TPU 数量，只有 48 个。而这场对战胜利的“秘密武器”也在一年后的谷歌 I/O 开发者大会上揭开神秘面纱，TPU 正式面世。

随后，随着人工智能融合赋能广度和深度的不断加强，不同场景应用提出不同算力需求，以物联网、移动终端、安防和自动驾驶为代表的专用端侧推理芯片百花齐放，人工智能正式进入算力定制化时代。

2019 年是全球芯片大年，国内外厂商针对不同场景应用发布了将近 30 余款人工智能芯片，主要面向物联网、移动终端、智能语音及自动驾驶四大领域，同时针对更为困难的训练芯片，中国企业也推出了系列产品。除了冯・诺依曼架构芯片外，产业界及学术界 2019 年也推出了各种架构的多样芯片，如华为的昇腾芯片，清华大学研发的可重构芯片、类脑芯片等 2019 年也都推出了产品雏形，人工智能已经全面进入了算力定制化的时代。

纵观人工芯片产业发展历程，可以看到目前已经形成了两种发展路径。第一种发展路径延续传统计算架构，旨在对硬件计算能力进行加速，主要以 GPU、FPGA、ASIC 等为代表，但 CPU 依旧发挥着不可替代的作用。另外一种发展路径是彻底颠覆经典的冯・诺依曼计算架构，采用类脑神经结构来提升计算能力，以英特尔公司的 Loihi 芯片、IBM 公司的 TrueNorth 芯片等为代表。

AI 芯片发展路线图可以归纳为三个阶段。短期目标，实现以异构计算为主加速各类应用算法的落地；中期目标，发展自重构、自学习、自适应、自组织的异构 AI 芯片来支持 AI 算法的演进和类人智能的升级；长期目标，向设计实现通用 AI（General Artificial Intelligence，GAI）芯片的终极目标迈进。

从产品形态来看，当前 AI 芯片主要包括训练芯片和推理芯片两大类（见图 4—3）。

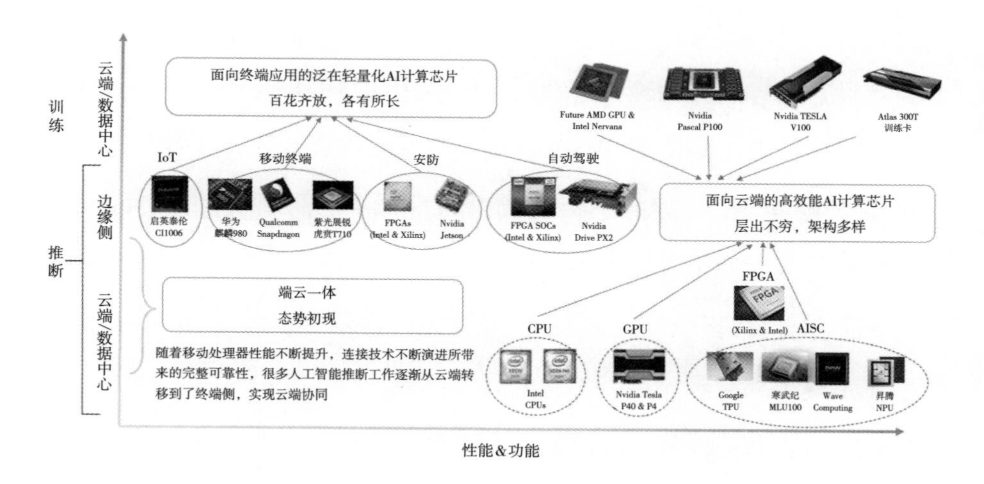

图 4—3　AI 芯片的主要分类

所谓训练，就是我们要将海量数据输入一个模型，通过不断迭代计算出模型的权重，这是最消耗算力的一项任务；所谓推理，则是我们将训练好的模型部署在具体的应用场景中，使用这个模型来计算应用场景数据，并输出计算结果。推理计算和训练计算最大的不同，就是训练计算需要输入海量的数据，并完成上万次乃至十万次的不断迭代反复计算，打磨模型的准确程度，而推理计算则理论上只需要进行一次计算，将真实应用场景数据输入训练好的模型中，运算一遍即可。

因此，训练芯片更注重的是算力的性能属性。海量数据的反复迭代计算是要用天乃至周为单位计量的，其算力的性能提升能够显著缩短整个计算任务的完成时间。如在谷歌案例中，TPU 训练芯片的使用使得算力性能提升了 30～80 倍。

而推理芯片更注重的是算力的能耗属性。由于推理芯片一般都部署在具体的应用场景中，受应用场景中能耗的严格限制，推理芯片的设计一定是要做好算效平衡的：太高的性能需要太多的能耗并不可行，太低的能耗导致性能不可用也不行。

因此，推理芯片的设计是和具体的应用场景强相关的：对于自动驾驶等响应时间非常短的应用场景，需要考虑性能因素大于能耗因素；对于手机美颜等响应时间并不特别敏感的场景，则需要考虑能耗因素为先，使能耗因素大于性能因素。

在通用计算时代，英特尔芯片地位无可匹敌，但在人工智能时代，在摩尔定律末路之际，英特尔感受到了挑战。

对于人工智能而言，除了芯片，深度学习框架也极为重要。

当前，基于深度学习的人工智能算法主要依托计算机技术体系架构来实现，深度学习算法通过封装至软件框架的方式供开发者使用。软件框架是整个人工智能技术体系的核心，实现对人工智能算法的封装，数据的调用以及计算资源的调度使用，起到承上启下的重要作用。近期对于将深度学习框架扩展为 AI 操作系统的相关论述也屡见不鲜，但当前无论是 AI 系统自身的独立程度，还是已有框架能够提供的接口能力，均距离实现操作系统存在较大差距。

深度学习软件框架主要分为三类。按照应用场景分为云端训练、云端推理以及终端推理。不同应用场景所完成的任务不同，所需承载的计算及限制条件也存在差异，因此针对各场景计算工具的功能及性能要求存在差异。云端训练框架主要完成基于海量数据的学习模型训练任务，对算力的要求最高，实际应用中需要采用包括分布式计算等技术保证足够算力，同时对于工业级模型及稳定性等也有特殊要求；云端推理框架主要完成训练好模型的优化、云端部署及推理功能，对于效率及并发性等具有特殊要求；终端推理框架主要完成训练好模型在终端的部署及计算，由于终端功耗、功能、芯片等众多限制，对终端推理框架的性能能耗及自身优化提出了多种限制性要求。当前，出于技术及商业生态考虑，主流企业正在将云端的训练及推理框架进行整合。

全球范围内，以 TensorFlow、Pytorch 和 MxNet 为代表的三大云端训练及推理框架是目前的三大框架。谷歌公司的 TensorFlow 以其全面性著称；Facebook 的 Pytorch 以其易用性成为学术界最主要的工具框架；亚马逊的 MxNet 以其高性能成为重要的框架工具。

中国的自研云侧开源框架也开始后来居上。2020 年，华为、旷视、清华大学等一流企业、院校均开源了自己的深度学习框架，聚焦云场景下的训练及推理一体化能力，基于异构分布式工业场景或特定算子加速构建出各具特色的框架产品。但由于推出时间较晚，相关生态构建相较国际主流依然较弱，多数仅用于自身产品。

国产深度学习框架中，较为突出的全场景应用代表是华为公司的昇思 MindSpore。为了帮助 AI 开发者更简单更高效地开发和使用 AI 技术，更好地发挥 AI 处理器性能，华为推出面向全场景的 AI 框架昇思 MindSpore。昇思 MindSpore 致力于实现开发态友好、运行态高效、全场景按需协同三大目标。

为了实现上述目标，昇思 MindSpore 在动静态图转换、Auto Parallel（自动并行）以及端边云协同等方面做出了较大的创新。昇思

MindSpore采用了基于SCT（Source Code Transformation，源码翻译）的AD（Automatic differentiation，自动微分）机制，该机制可以将函数转换成中间表达以及计算图。由于采用了SCT的自动微分机制，使得动态图和静态图之间的切换非常简单。与此同时，为了提高不同应用场景下的性能和效率，计算图被部署到设备侧进行解析和执行，并且在执行前应用了大量的软硬件协同优化；为了减少用户使用模型并行的难度，昇思MindSpore提供了自动并行机制，用户可以使用启发式搜索算法来寻找较优的并行方式；为了能够满足全场景的AI计算，昇思MindSpore还设计了端边云协同的应用框架。

中国在端侧框架占据一定优势。由于AI端侧应用呈现高度碎片化，所需框架工具也很难找到共性能力需求，因此呈现碎片化态势。我国人工智能产业以应用见长，在海量应用场景驱动下催生了大量端侧框架。

值得一提的是，面向移动终端的AI计算平台，也是基于人工智能计算根技术的代表产物，以华为HiAI为代表的端侧计算平台在赋能边缘侧AI计算方面扮演了重要角色。

HiAI是面向智能终端的AI能力开放平台，构建三层AI能力开放：服务能力开放、应用能力开放和芯片能力开放。向开发者提供人工智能计算库及其API，让开发者便捷高效地编写在移动设备上运行的人工智能应用程序。

HiAI Foundation提供三大引擎，包括在线推理、离线推理和端侧训练，满足多应用场景下的灵活性和高性能的不同需求。易用性方面，提供包括Android Studio插件在内的工具链和集成开发环境，让开发者可以基于现有熟悉的开发环境方便实现算法模型的集成；支持丰富的前端主流 Framework。生态建设方面，支持多框架下的主流算子，包括卷积、反卷积、池化、全链接、多种激活等，算子数量不断丰富，超过140＋。性能方面，专用神经网络处理单元 NPU 和 AI 指令集，快速转化和迁移已有模型，借助异构调度和 NPU 加速获得最佳性能，在知识模型处理、AI 专用指令集、大规模平行计算方面 NPU 具有显著优势，相比 CPU，有 50 倍效率和 25 倍性能的提升。安全稳定性方面，支持神经网络算法模型的加密接口，保护开发者知识产权。

计算小知识　FPGA

起步阶段：1984—1992 年

赛灵思的 XC2064 是全球首款 FPGA，只包含 64 个逻辑模块，不足 1000 个逻辑门。每个模块含有两个 3 输入查找表（LUT）和一个寄存器。尽管容量很小，其晶片的尺寸却比当时的微处理器还要大，当时的制程工艺是 2.5 微米。

晶片尺寸和成本对于 FPGA 来说至关重要。XC2064 虽然不足 1000 个逻辑门，但由于晶片太大，其成本高达数百美元。晶片尺寸每增加 5%，其成本就会翻一倍，良品率也会显著下降。因此，在这款 FPGA 初期，赛灵思其实是无货可卖的。成本控制不仅仅是成本优化的问题，更是公司生存的核心问题。

成本压力下，FPGA 架构师只能通过架构和工艺创新来尽可能提高 FPGA 的设计效率。所谓设计效率，其实就是单位面积晶片的逻辑门数量尽量增大，晶片的尺寸尽可能地减小。在这个指导思想下，FPGA 在起步阶段就经历了两个大调整：工艺上，反熔丝替代了 SRAM；架构上，从 LUT 到 NAND，再到单个晶体管。

SRAM 全称是静态随机存取存储器（Static Random-Access Memory，SRAM），其最大特点就是只有保持通电才能维持数据的存储，一停电数据就丢失了。而也正是通过这种简单的数据可擦写的方式，实现了 FPGA 可重新编程的特性。然而当时片上 SRAM 占据了 FPGA 大部分的晶片面积，尽管技术上可行，但从经济效益上看是行不通的。

技术和经济效益方面永远是“鱼和熊掌”的关系，技术往往需要让步于经济效益。于是基于反熔丝的 FPGA 以牺牲可编程能力为代价，避免了 SRAM 存储系统片上占位面积过大的问题。所谓反熔丝，实际上是用特殊材料的物理手段，通过在电路上短路实现数据可擦写存储。1990 年，最大容量的 FPGA 是基于反熔丝的 Actel1280。Quicklogic 和 Crosspoint 也跟随 Actel 的脚步开发出基于反熔丝的 FPGA。

在起步阶段，多 FPGA 系统十分流行，不同的用户应用需要各异的 FPGA 来做硬件加速。因此自动将不同的计算任务分配给不同的 FPGA 成了这个阶段的刚需，自动化多芯片分区软件成为 FPGA 设计套件的重要组成部分。在这个阶段，想要在形态架构各异的 FPGA 上做一个通用的工具是不可能完成的任务，因此 FPGA 厂商就担负起了为各自器件开发电子设计自动化（EDA）的任务。在当时，相关计算任务相对较小可控，手动设计 FPGA 是可以接受的。由于芯片上布线资源有限带来的设计难题是最需解决的，手动的设计与优化通常很有必要。

扩张时代：1992—1999 年

晶圆厂或者说芯片代工厂与 FPGA 公司的结合，开启了 FPGA 的扩张时代。一开始，由于 FPGA 还属于新鲜事物，相关公司都是没有晶圆厂代工的，因此通常也无法获得领先的芯片技术。到了 20 世纪 90

年代后期，芯片代工厂终于意识到 FPGA 是理想的工艺发展推动因素，由此芯片代工厂在芯片制造领域积攒的长足经验，为 FPGA 的发展扫除了工艺障碍。上一代中 SRAM 占位面积过大的难题，被代工厂用新工艺产出的晶体管和电线解决了，基于 SRAM 的 FPGA 在这个时期重返舞台。由于代工厂的加入，FPGA 终于搭上了摩尔定律的快车，每一代新工艺的出现都会将晶体管数量增加一倍，成本减半，并将最大 FPGA 的尺寸增大一倍。同时，化学—机械抛光（CMP）技术允许代工厂在 IC 上堆叠更多金属层，使 FPGA 厂商能够大幅增加片上互联，以适应更大的 LUT 容量。

至此，SRAM 的占位面积可让位于更加需要的性能、特性和易用性等其他功能。当然，更大的 FPGA 只用手动设计肯定是不行了，具有自动布局布线功能的综合工具成为刚需。到 20 世纪 90 年代末，自动综合、布局和布线已经成为设计流程的必要步骤，EDA（电子设计自动化）成了 FPGA 公司的命根子。

起步阶段的反熔丝 FPGA 优势殆尽了。基于 SRAM 的 FPGA 在这个时期产品优势尽显，在新工艺的加持下，基于 SRAM 的器件可立即使用密度更高的新工艺，而反熔丝在新节点上的验证工作则额外需要数月甚至数年时间。基于反熔丝的 FPGA 丧失了竞争优势。为获得上市速度和成本优势，架构创新与工艺改进相比就要退居其次。

发展时代：2000—2007 年

新千年伊始，由于容量和设计尺寸快速增大，FPGA 在数据通信领域开辟了巨大市场，已经成为通用组件。20 世纪初期互联网泡沫破灭之后，降本增效成为“活下去”的必需动作。由于开发定制化的 ASIC 芯片成本投入高，流片周期长，风险实在太大，因此可擦写、可重新编程的 FPGA 成了很多“临时”ASIC 用户的最佳选择。

FPGA 的产品种类也随着客户的增多而变得丰富起来。针对低端市场，效率是用户关注的核心，FPGA 厂商通过生产低容量、低性能但是低成本的 FPGA 芯片拉拢成本客户；高端市场中，功能是用户关注的核心，FPGA 厂商通过开发针对重要功能的软逻辑（IP）库，让客户更方便地使用功能更为强大的 FPGA。这些软逻辑功能中最值得注意的是存储器控制器、各种通信协议模块（包括以太网 MAC），甚至软微处理器等。

此时，大型 FPGA 需要的不仅仅是自动化的实现逻辑了，更需要兼顾不同功能间的协同，复合系统的标准要求。对于内部模块来说，不同功能间的信号传输、通信协议需要规范化打通，对于外接模块来说，需要定义规范化的连接接口及连接协议。在标准化的加持下，FPGA 在计算密集型的应用中开始发挥越来越重要的作用，已不仅仅是可编程的门阵列了，更是成了集成可编程逻辑的复杂功能机，俨然已经成了一个系统。

系统时代：2008 年以后

FPGA 开始整合越来越多的模块，集成了越来越多的控制功能。高速收发器、存储器、DSP 处理器等均是系统的重要组成，比特流加密与验证、混合信号处理、电源与温度监控以及电源管理等控制功能的重要性愈发凸显。而这就带来了更为复杂的系统设计问题，需求驱动下，配套的设计工具甚至编程语言都得到了长足的发展，OpenCL 和 C 语言等也开始用在了使用 FPGA 编程的软件环境之下。

下一步，FPGA 该如何发展？可编程性的基本价值已经发挥得淋漓尽致了，下一步将继续聚焦小型、高效的逻辑操作，以及针对更多多元应用场景下的重要算法加速，尤其需要统筹考虑功率的优化。随着算力多元化的不断提速，FPGA 技术会持续存在，并不断发展演进。

计算小知识　ASIC

特殊应用集成电路（Application Specific Integrated Circuit，ASIC），是指依产品需求不同而全定制的特殊规格集成电路，是一种有别于标准工业 IC 的集成电路产品。例如，设计用来执行数字录音机或是高效能的比特币挖矿机功能的 IC 就是 ASIC。ASIC 芯片通常使用金氧半导体场效晶体管（MOSFET）技术的半导体工艺。

特殊应用集成电路是应特定使用者要求和特定电子系统的需要而设计、制造的。由于单个专用集成电路芯片的生产成本很高，如果出货量较小，则采用专用集成电路在经济上不太实惠。这种情况可以使用可编程逻辑器件（如现场可编程逻辑门阵列）来作为目标硬件实现集成电路设计。此外，可编程逻辑器件具有用户可编程特性，因此适合于大规模芯片量产之前的原型机来进行调试等工作。但是可编程逻辑器件在面积、速度等方面的优化程度不如全定制的集成电路。

一般特殊应用集成电路的 ROM 和 RAM 都在出厂前经过掩膜（MASK），如常用的红外线遥控器发射芯片就是这种芯片。

专用集成电路的特点是面向特定用户的需求，品种多、批量少，要求设计和生产周期短，它作为集成电路技术与特定用户的整机或系统技术紧密结合的产物，与通用集成电路相比具有体积更小、重量更轻、功耗更低、可靠性提高、性能提高、保密性增强、成本降低等优点。

ASIC 的历史可以看作整个集成电路的发展史，纵观其产业发展史，ASIC 产业经历了三次拐点。

第一次拐点：日本超越美国成为产业霸主

ASIC技术兴起于美国，但产业的兴起则实际起源于日本。1953年，日本“东京通信工程株式会社”以900万日元（约2.5万美元）的低价从西屋电器引进了晶体管技术，而当年贝尔实验室在晶体管上的投资超过2亿美元。东京通信在1955年发布了第一款袖珍收音机TR-55，公司也正式更名为索尼。

商业化推广的进程一旦开启，技术赋能的产业化就如摧枯拉朽之势不可阻挡了，半导体存储领域也是如此。得益于集成电路技术的推广，半导体存储成了产业的第一个主战场。NEC在1962年从美国仙童半导体公司购买了平面光刻生产工艺，解决了集成电路制造生产的问题，集成电路产量从年50块跃升至年1.2万块。从1980年到1984年，日本半导体对美国的出口额从不到90亿日元，增至400多亿日元，增长速度震惊世界。

但是“产业转移”造就的赢家只是暂时的，日本半导体的辉煌是短暂的。20世纪90年代，韩国成了新一代存储器DRAM（动态随机存取存储器，Dynamic Random Access Memory）的霸主：1992年，三星将NEC挤下DRAM世界第一的宝座；2000年前后，富士通和东芝先后宣布从DRAM市场退出。与此同时，美国以英特尔为代表的顶尖公司则转向了技术壁垒更高的CPU领域。

第二、三次拐点：半导体产业的全球化分工

韩国是如何抢走日本半导体存储产业宝座的呢？这里就实际上涉及了一场覆盖全球的半导体行业分工。从集成电路商用化的20世纪60年代开始，半导体产业就像细胞生长一样经历着“裂变”——从垂直整合到垂直分工，分工越来越细，各环节越来越专业。成立于1987年的台积电开创了 Foundry 模式，成为只进行芯片生产制造的晶圆代工厂。而 3 年后，诞生于英国剑桥一座谷仓里的 Arm，又开创了另一种全新的商业模式：IP 授权。

第一次重要裂变发生在 20 世纪 70 年代：半导体和软件行业从计算机中分化出来。

一家独大，一家全能，是计算机行业的初始状态。如 IBM“蓝色巨人”，1961 年底 IBM 启动的“System-360”项目中，凭一己之力，IBM 就攻克了指令集、集成电路、可兼容操作系统、数据库等软硬件多道难关，获得了 300 多项专利。

软件行业作为一个独立行业分化出来了。1975 年，微软成立，1977 年，甲骨文成立。软件的独立也加速了半导体从计算机产业中的分化进程。实际上，英特尔与微软的“Wintel 联盟”正是软件将芯片需求定制化的过程，通过软硬配合获得垄断地位。而在这个过程中，芯片硬件公司也发挥了越来越大的作用。

而弥合软件和芯片之间的生态桥梁，就是指令集。指令集，就是芯片硬件和底层软件代码之间沟通的一套“标准”。就像只有孙悟空才能控制金箍棒一样，对应的软件操作系统，需要通过对应的指令集跑在对应的芯片上才能实现性能的最佳。而这个“最佳”实际上就从技术层面构建起了一个排他的“指令集生态”。

PC 时代之前的小型机主要处理专用的计算任务，操作系统之间井水不犯河水；指令集也各自为营，如 IBM 的 Power、Sun 的 SPARC、DEC 的 Alpha 等。而 PC 时代到来后，大量协作需求涌现，专用计算无法满足一般用户需求，而一般用户软件需求又存在大量共性，因此面向个人用户的操作系统市场开始向头部集中，微软的 Windows 趁势崛起，而“Wintel”联盟中英特尔的 x86 指令集也搭车建立了“指令集生态”。得益于 PC 的崛起，实际上英特尔是第一个建立起“指令集壁垒”的公司。

在面向个人用户的通用计算领域站稳脚跟后，英特尔又向小型机服务器市场进军，靠价格打败了 IBM、Sun 和 DEC 等的老牌指令集，凭一己之力改写了服务器市场的“指令集生态”，从此开始了连续 25 年（1991—2017 年）登顶全球半导体第一厂商宝座的传奇发展历程。但需要注意的是，在芯片内部，英特尔依然是一家全能的公司，即自己做指令集，自己做 IP 核，但在芯片制造内部，英特尔则是一家“垂直整合”的公司，自己做指令集，自己在指令集上设计 IP 核，自己做生产制造。而这就给第二次分工裂变创造了空间：20 世纪 90 年代之后，台积电的 Foundry 模式＋Arm 的 IP 授权模式兴起，打碎了英特尔的“垂直整合”。半导体产业上游的 IP 研发、设计和下游的制造各自分化成了单独的行业。

成熟行业的分工必然是逐渐细分的，逐渐细分的产业链条也极大降低了新入企业进场的门槛。Foundry 和 IP 授权模式的诞生，大大降低了半导体行业的准入门槛，永久地改变了世界半导体产业的版图。随着垂直分工的开始，Arm 和台积电承担了产业链一头一尾的工作，中间的“芯片设计”环节便逐渐发展成一个独立赛道——不做生产，无须重资建厂或做底层研发的 Fabless 厂商（Fabless 的字面意思就是“无工厂”）。关于 Fabless，本书第三章第五节有具体的阐述，这里不再展开。

分工的细化，为 AISC 行业带来了两个变化：一方面，更多轻资产玩家的涌入使市场竞争更充分，促进了全球半导体产业的进化；另一方面，这些新公司多是 Arm 和台积电的客户，这也为全球半导体产业生态格局的形成注入了催化剂，使得新入者可以与霸主英特尔平起平坐。

在制造环节，台积电牢牢把握了话语权。1989 年，得益于英特尔的订单，这家最初连募资都很艰难的“小公司”开启了 50%至 100%的年营收增长率。其工艺水平已超过了英特尔和 IBM，占据了超过 50%的市场份额，在 5 纳米制程上领先全球。

在 CPU、MCU 等主控芯片设计环节，联发科技股份有限公司从 2003 年开始购买 Arm IP，进入手机和平板芯片市场，并在 2000 年之后成为亚洲最大的 Fabless 厂商。

韩国也抓住了分工裂变的机会。2007 年，第一代 iPhone 的芯片就是三星和 Arm 分工合作的产物——三星在 Arm 11 IP 上开发的 S5L8900 芯片。乘此东风，三星巩固了其在智能手机芯片市场的地位；随后又在 2010 年推出蜂鸟系列 CPU（后改名 Exynos），奠定了其在 Android 设备阵营的龙头芯片提供商地位。

中国的许多公司也赶上了行业分工裂变的大势。由于“IP 授权＋Fabless＋Foundry”模式降低了手机芯片整体成本，国产手机厂商，如华为、小米、vivo、OPPO 在 2010 年后崛起，成了这场绵延近 30 年的新分工潮流的受益者。

人工智能计算系统

要满足人工智能的巨大需求，让人工智能成功地应用到千行百业，人工智能产业需要提供用得起、用得好、用得放心的软硬件系统和解决方案。由于人工智能的强行业赋能属性，人工智能技术要能够和行业知识结合，促进真正的产业发展和生产力提升。当然，人工智能产业要真正产生价值，推动社会发展，还面临着很多挑战。

首先，计算系统要满足行业人工智能场景的复杂、巨大且多样性的计算需求。AI 模型的规模和需要学习的数据开始爆炸性增长。随着算法的持续增强，包括大规模预训练模型，如 BERT、GPT-3 等，需要的算力从 TFLOPS 增加到 PFLOPS 级别，甚至开始进入 EFLOPS 级别。同时，超大规模的批处理、自动模型结构搜索等新方法的涌现，导致计算需求持续增加。这些都将对人工智能计算系统的计算性能、通信性能和可扩展性等提出巨大的诉求。为了适应新型的人工智能计算模式，如何进行计算架构设计，是人工智能计算系统面临的基本问题。而同时，如何在这些大规模的异构计算系统上进行高效率的系统运行和软件开发，充分发挥硬件系统的能力，也成为现实的挑战。传统的软件栈可能无法适应大规模人工智能系统的压力。大规模 AI 算法及计算需求，对基础软件、编程模型、编程语言、编译器、开发工具链、调度系统、平台软件、通信库和加速库、加速引擎、AI 框架、行业软件等层面，都提出了明确而现实的挑战。

那么如何克服这些困难，打造一个面向人工智能的计算体系呢？如同本章第一节所述的通用计算体系一样，人工智能的计算体系也需要处理器和基础软硬件一体才能构建成为人工智能算力的基础设施。

从技术构成来看，一个完备的人工智能计算体系，应该包括硬件体系、基础软件、开发工具链、AI 计算框架、应用使能等，也需要覆盖端边云全场景、支持数据中心、边缘和终端侧的灵活部署方式。

人工智能计算系统需要全栈与多样性的算力创新。算力成为技术发展及行业应用的生产力，需要经过多个环节。硬件是算力的供给环节，单一种类的算力，已无法满足多样化的业务需求。多样化的算力创新，需要硬件从单一 CPU 形态走向与 GPU、NPU、FPGA 等多种算力的协同与融合。

基础软件是算力的释放环节，通过对操作系统、数据库、中间件、编译器、加速库、调度器等基础软件的持续调度优化，释放硬件算力。应用是算力价值的变现环节，通过模型优化、算法创新等应用使能环节，使能算力创造最大价值。通过多样性算力创新和全栈环节创新，从全产业、全生态的角度，使能算力成为技术发展及行业应用的重要生产力。

从产业生态来看，尽管人工智能算力是专有的，但人工智能算力的产业生态构建则需要整个产业链的共同参与。以华为的昇腾 AI 计算产业生态为例，产业生态包括围绕着昇腾 AI 技术和产品体系所开展的学术、技术、公益及商业活动，产生的知识和产品以及各种合作伙伴，主要包括原始设备制造商 OEM、原始设计制造商 ODM、独立硬件开发商 IHV、咨询与系统集成商 C&SI、独立软件开发商 ISV 和云服务提供商 XaaS 等。

这里以华为昇腾 AI 计算体系为例展开说明。一个完整的人工智能计算体系包括底层硬件、基础软件、软件框架以及应用使能方案四大部分，不同的模块之间的相互协同能力是保证整个计算体系效能的关键之一（见图 4—4）。

整个计算体系的第二个关键是开放能力。如同通用计算一样，计算系统的硬件及软件应具备向不同用户开放的能力。以华为 Atlas 系列硬件为例，其自有硬件包含了主流异构计算部件，能够以模组、板卡、小站、服务器等方式提供丰富的产品形态；在伙伴硬件方面，允许合作伙伴基于 Atlas 进行集成和二次开发。

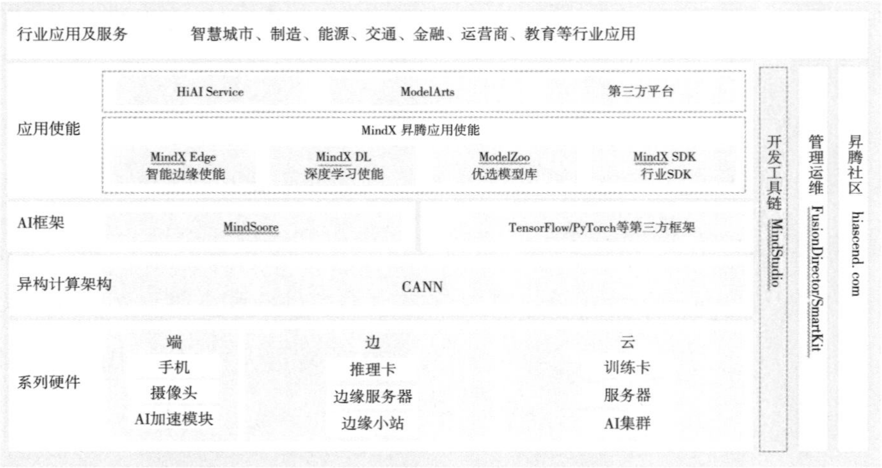

行业应用及服务	智慧城市、制造、能源、交通、金融、运营商、教育等行业应用				开发工具链 MindStudio	管理运维 FusionDirector/SmartKit	昇腾社区 hiascend.com
应用使能	HiAI Service	ModelArts		第三方平台			
	MindX 昇腾应用使能						
	MindX Edge 智能边缘使能	MindX DL 深度学习使能	ModelZoo 优选模型库	MindX SDK 行业SDK			
AI框架	MindSoore		TensorFlow/PyTorch等第三方框架				
异构计算架构	CANN						
系列硬件	端 手机 摄像头 AI加速模块	边 推理卡 边缘服务器 边缘小站	云 训练卡 服务器 AI集群				

图 4—4　昇腾 AI 基础软硬件平台

第三个关键是专属处理器。昇腾推理处理器高效、灵活、可编程，基于典型配置，性能达到 22TOPS INT8 或 11 TFLOPS FP16，在功耗和计算能力等方面突破了传统设计的约束，其功耗仅为 9.5W。随着能效比的大幅提升，将 AI 从数据中心延伸到边缘设备，为平安城市、自动驾驶、云服务和 IT 智能、智能制造、机器人等应用场景提供了全新的解决方案。

第四个关键是异构计算框架。横跨与底层硬件和上层应用之间的异构计算框架，起到了承上启下的重要作用，通过提供多层次的编程接口，支持用户快速构建 AI 应用和业务。昇腾打造的 CANN 不仅仅是一个简单的软件平台，更是一个开发体系，包含了编程语言、编译及调试工具和编程模型，创造了基于昇腾系列处理器的一个编程的框架。

在上文，我们针对算力如何量化度量介绍了各个层次，那么针对 AI 算力系统，如何才能有效评估“有效算力”呢？

在第三章中，我们讲到过计算的木桶效应，计算效能的发挥，并不是简单地叠拼就能实现的，算效（计算实现的效果）中很容易出现猫腻。所以，面向业务的算力系统，其算力的评估一定是面向实际应用场景、围绕“业务性能”来展开的。

这实际上涉及了两个概念，第一个就是上文提到的以每秒浮点数运算能力（FLOPS）等指标所度量的“物理算力”，而在物理算力之上，直接面向应用服务用户的，则是实际的业务处理性能。物理算力是业务算力的基础，但并不是说，强力的物理算力能带来强力的业务性能。因为物理算力强，只需要底层硬件算力足够强就够了，而要保证业务性能同样强劲，则需要用软件来实现了。优秀的软件是对底层硬件的物理算力做乘法，未经优化的软件则是对底层物理算力做减法，甚至是做除法。

这里举个直观的例子来说明，比如，同样是针对八位整型数（INT8）的计算，在推理场景下，A 公司的推理卡标称数据是提供 130TOPS 的物理算力，但在实际业务层面却只能支持 40 路高清视频的实时分析；而 B 公司推理卡标称的数据是提供 88TOPS 的物理算力，在实际业务上却能够支持 80 路高清视频的实时分析。所以，并不能简单地就认为，标称了 130TOPS 物理算力的产品就是更有竞争力的产品。

简单来理解，就好比一匹布，一个出色的裁缝能够利用一匹布来做两套衣服，而一个手艺差的裁缝，做一套衣服可能需要耗费两匹布才能完成。

因此，我们度量算效，应该以算力能够实现的业务能力为先，而并非物理算力。尽管物理算力从一定程度上能够反映业务能力的大小，但不能过分迷信。

决定物理算力和业务性能之间关系的，是算力硬件与软件之间的协同调优能力。随着人工智能算力需求的持续增加，单独针对算力硬件的扩容是不够的，也需要协同优化上层软件的能力，这样才能更为有效地将硬件算力释放为业务性能。

实际上，人工智能的计算系统还在不断地演进。一是在工程能力上不断地丰富和扩充赋能能力，二是在应用场景上不断做好与已有技术体系的融合。而以人工智能计算系统为核心的人工智能算力新引擎，势必通过新技术形成新业态，打造新模式，不断地夯实人工智能计算系统，为数字经济发展提供更为有力的智能算力支撑。

第四节　制造超级算力

计算机刚出现的时候，主要是应用在军事上，之后开始面向民生领域应用场景，其中首先就是以天气预报、能源勘探、生命科学、物理学等为代表的科研领域，因为这些领域对超高性能的计算需求是无比强烈的，它们所需要的算力就如同是超人的超能力，这些都属于另外的计算范畴——超级计算机。

在超级计算机的圈子里，每年还有一个超算的“奥斯卡奖”——全球超级计算机 500 强。这是由国际 TOP500 组织发布的全球已安装的超级计算机系统排名，它始于 1993 年，由美国与德国超算专家联合编制，以超级计算机基准程序 Linpack 测试值为序进行排名，每年发布两次。

中国超级计算机系统“神威・太湖之光”和“天河二号”、日本采用 Arm 架构的超级计算机“富岳”、美国的“山脊”“顶点”、瑞士国家计算中心的“代恩特峰”等，都是这个榜单上有竞争力的选手。

超级计算，算力的制高点

算力既然能够度量，那么自然就会有一个所谓的“算力制高点”，这个制高点，就叫作超级计算。随着人类认知的不断拓展和深化，可以计算以及需要计算的工作越来越多。随着现代大科学、大工程、大数据等几个“大”的出现，以超级计算机为平台的超级计算，在科技发展领域，已经与科技理论、科学实验并称为“支撑现代科技大厦的三大支柱”，也成为国家科技竞争力的重要标志。

有了计算需求，才有计算供给，那么到底是什么样的计算需求需要用到超级计算呢？实际上，从事关国家安全的战略领域研究，到人们日常生活条件的改善，都需要超算算力。超级计算已经走入各行各业、千家万户，人们的衣食住行无刻不在享受超级计算带来的红利，只是我们没有感受到。

民以食为天，运用超级计算机进行以水稻、玉米、生猪等为主要对象的基因工程研究，让人们的餐桌营养更丰富。在关乎我们健康的医疗领域，超级计算机让各种新药研制周期从数年乃至数十年缩短到一年甚至几个月、几天，让需要化疗、放疗的癌症患者的基因检测过程由一两个月缩短为几分钟……

还有超级计算最早大显神威的天气预报，超级计算机能在几秒内算出未来一周的天气情况，在一天内完成过去几年甚至几十年才能完成的计算工作。

我们还经常嘲笑一些很差劲的电影特效是“一毛钱特效”，是的，电影也是一个消耗算力的领域，让我们大呼过瘾的电影特效及流连忘返的动漫渲染，也是依靠超级计算机来完成的。

到现在为止，生物信息、地震监测、地球科学、天体物理、公共健康、材料科学、人类/组织系统研究等众多学科，都需要超算的算力供给，如果离开了超算，人类对于高精尖科学问题的探索将举步维艰，因此，无论是从算力的角度，还是从其重要程度来看，超算都是算力制造的顶峰，更是名副其实的“国之重器”。

超算的历史始于1954年，主角就是当年的“蓝色巨人”IBM公司。1954年，IBM为美国海军设计了一台电子管计算机IBM NORC，也算是第一代计算机中的一员。这台超算的算力有多强呢？它能在13分钟内算出π小数点后3089位，一举打破当时的世界纪录。

我们在讲早期的计算机的时候，就提到过曼哈顿计划对计算的影响，同样，超级计算机跟曼哈顿计划也密切相连。氢弹设计成了超级计算的第一个计算任务。这是一台大型机，由“氢弹之父”爱德华·泰勒（Edward Teller）设计，用来为核武器设计做流体力学模拟。它支持最多两个CPU和一个I/O处理器，但实际上建造出来的两台机器都只有一个CPU。

不到两年，全球最快计算机的桂冠又被IBM 7030夺回。这台机器是为了满足泰勒的需求而设计，但泰勒觉得，IBM的方案风险太大，因此还是选择更简单的UNIVAC。事实证明，他没选错，7030败得一塌糊涂。IBM最早承诺，7030的速度至少是上一代704的100倍，这过于激进的目标最终落空，其性能只提升了30倍。

无奈之下，IBM用减价大处理的方法挽回尴尬，将7030的价格从1350万美元直降到778万美元。纵使7030孵化了许多有用的技术，但依然被PC World杂志称为计算机史上最大的项目败笔。更让IBM蒙羞的是，一家规模远小于它的公司CDC（Control Data Corporation），在第二年就发布了一台性能比 7030 高三倍的计算机——CDC 6600，它每秒执行约 300 万次浮点运算。

CDC 6600 发布一周后，时任 IBM CEO 的小托马斯·沃森写信给高管："我了解到，研发这个系统（CDC 6600）的实验室只有 34 个人，包括清洁工。其中 14 个工程师、4 个程序员中，只有一个人有博士学位，还是个资历尚浅的程序员。"但业界公认的是，CDC 6600 是世界上第一台超级计算机。

直到 1969 年，在它的设计师建造出下一台计算机之前，CDC 6600 一直稳居世界第一位。而这也同样意味着一个新时代的来临。西摩·克雷（Seymour Cray）——CDC 6600 背后的男人，这个以制造最快计算机为己任的工程师，从此登上历史舞台。接下来十几年，克雷就是超级计算机的代名词。

CDC 6600 还是第一台取得巨大商业成绩的超级计算机。它不但走进了各个核武器实验室，还走进了各个大学的计算机实验室，售价 237 万美元，总共卖出了超过 100 台。以往的超级计算机也就卖出几台而已。然而没享受成功多久，克雷又埋头开始钻研下一代机器 CDC7600，希望后者性能十倍于 6600。7600 不负众望，再次成为全球最快的计算机，最终卖出了还算成功的 50 台。而克雷与 CDC 却分道扬镳了。在克雷眼中，CDC 的经理们平庸无能；CDC 则视克雷为不惜代价的偏执狂。1972 年，克雷离开 CDC 创办了自己的公司——Cray Research（克雷研究所）。

名声大噪的克雷带着小伙伴们来到华尔街寻求投资，而资本对他的计算机并不"感冒"，他和几个死心塌地跟着他走的助手在密林中找到一个落脚之处，开始艰苦创业。四年后，他再次创造历史——史上最成功的超级计算机 Cray-1 诞生了，性能甩开市面上的所有计算机好几条街。

克雷在 Cray-1 这台计算机上引入了大量创新元素，特别是这个时候集成电路已经出现，克雷将其用在了他的计算机上。另外还有一个奇特的设计，它采用了 C 字环形设计，这样的环形设计让电路板更短，从而性能更佳。Cray-1 以近 900 万美元/台的价格，卖出超过 80 台，公司一下成了“印钞机”。这次，克雷凭借精妙的设计闻名于世，被称为“齐佩瓦福尔斯的魔法师”（The Wizard of Chippewa Falls）。一时间，新生的克雷研究所风光无两，人才济济，气势如虹。1982 年，克雷公司的工程师 Steven Chen 又设计了双处理器和四处理器的超级计算机 Cray X-MP。到了 1983 年，克雷和 Control Data 两家公司主导着超级计算机市场；尽管 IBM 在整个计算机市场上处于领先地位，但在这个赛道上却铩羽而归。

作为企业家的克雷，已然是业界领袖；但作为工程师的他，却并不满意自己 1985 年交出的答卷。在 Steven Chen 团队研发 X-MP 的同时，克雷也在带领着团队设计 Cray-2，经过 6 年的研发之后，有着四个向量处理器的液冷计算机 Cray-2 终于面世，但它却只比 X-MP 快了一点，屈居全球第二位。

进入 20 世纪 80 年代，个人计算机市场兴起，大型机和超级计算机惨遭冷遇，Cray-3 研制成功后却在商业上失败了。1989 年，由于意见分歧，克雷退出了自己创办的克雷研究所，另行成立克雷计算机公司，克雷又开始全力研制他的 Cray-4，目标是计算速度达每秒 1280 亿次。但遗憾的是，Cray-4 最后并没有完成。

1995 年，西摩·克雷的计算机公司宣布破产。1996 年 8 月，年近古稀的西摩·克雷还想发起最后的冲锋，创办 SRC 公司，可惜，一场车祸让他与世长辞。

“两弹一星”成就超算

中国超算开始于 1958 年 4 月，当时的研发团队被称作“901”型电子数字计算机研制小组，经过 5 个月的攻关，我国的超算于当年 9 月 28 日正常运行。也就是说，中国第一台自行设计研制的电子数字专用计算机原型机，哈尔滨解放军军事工程学院从成立研制小组，到机器成功算题，只用了不到一年的时间。

美国的超算起源于曼哈顿计划的氢弹设计，中国的超算正式起步也是源于“两弹一星”。基于晶体管的“441B”于 1965 年 4 月 26 日通过验收，引发了 1965—1970 年间的爆发之势。“441B”刚刚通过验收，国防科工委便指示解放军军事工程学院复制 3 台，首先满足武器实验基地和导弹实验基地的使用。中国第一颗原子弹爆破，第一颗氢弹爆破，第一枚人造卫星上天，第一颗返回式遥感卫星回收，第一枚全射程洲际导弹“东风五号”试射成功，“441B”就是这背后的“功勋设备”。

当 1975 年美国的 Cray-1 巨型机横空出世的时候，算力已经达到了每秒一亿次的水平，而此时中国能够达到每秒百万次运算的“远望一号”仍处于紧张设计的阶段。也许大家不能理解的是，百万次的算力不就比一亿次少了两个数量级吗？等摩尔定律普惠到这里不就行了吗？

实际情况是，真的不可以。由于国家没有巨型机，防汛部门无法对复杂气候进行中长期预报，我国防汛工作依然停留在“水来土掩，兵来将挡”的原始水平和被动状态，根本无法按时预测汛期到来及洪峰的袭击时刻；由于国家没有巨型机，中国每年都要把勘探出来的石油矿藏数据资料用飞机送到美国去做三维处理，把国家机密拱手送给别人，还耗资巨大，真是名副其实的“赔了夫人又折兵”。

自己没有，我们去把 Cray-1 买回来用不可以吗？当然也是不可以的。美国不仅卖了一个三年前的每秒 400 万次的机器，而且还提出了三个条件：一是为机器修建一间专门的机房；二是机器的使用、维修人员，均由美国公司派遣；三是中方人员到机房计算各种数据时，要在机房门外把数据交给美方人员，一律不许进入机房。这，就是当年著名的“玻璃门”事件。

买不到的东西，就只能自己发明创造了。为了追上 Cray-1 的节奏，中国启动了每秒亿次的电子计算机系统，并提出了研制“银河-Ⅰ”计算机的时间表：“银河-Ⅰ”，五年，要和 Cray-1 一样。

1973 年，为了追上 Cray-1 的速度，“银河-Ⅰ”开启了彻头彻尾的创新。

首先就是总体技术的创新，在充分研究了 Cray-1 的整体设计方案后，“银河-Ⅰ”采用了创新的“双向量阵列结构”总体方案，相当于将超算原来信息传输的单条公路扩展为双道公路，能够实现一个时钟频率计算得到两个运算结果，而这样就能够在处理器主频不变的条件下，运算速度实现成倍的递增。这实际上是基于 Cray-1 的一个重大突破，后来日本于 20 世纪 80 年代推出的三种巨型机都采用了这种架构，Cray-1 后续的 CrayX-MP 也采用了这一结构。

其次是部件设计的改进，“银河-Ⅰ”进一步简化了部件结构，设计了故障检测系统，独立设计了微程序控制和双缓冲盘控接口，使得磁盘的传输率得以充分发挥。

再次是开发先进的软件系统。“银河-Ⅰ”从零开始，建立了完整的软件工程化规范，实现了结构化、模块化的程序设计，研制了模拟器、调试工具等，加快了整体的工程进度，并专门针对向量计算进行了扩充。相较于 Cray-1，“银河-Ⅰ”提供了 80 类、292 个模块的数学子系统库，不仅数量更多了，而且功能强、精度高、速度快。

最后是突破运维诊断技术，在机器中设置了全面的硬件故障监测系统，开发了各级故障生成软件，大大提高了可维护性。同时“银河-Ⅰ”还创新了高密度组装工艺，以及高效、平行短风道均匀通风系统，在中国首次实现了在计算机上使用高效率、高可靠性的交流稳压、直流稳压多相整流滤波的并行电源馈电系统。

1982 年，“银河-Ⅰ”主机硬件调试完毕。1983 年 5 月，开始内部试算，11 月完成了最后鉴定，将每秒 30 万次运算一个参数的任务从 70 个小时缩减到了不到 10 分钟。同时在存储实际容量（“银河-Ⅰ”200 万字，Cray-1 52 万字）、功耗（“银河-Ⅰ”25kW，Cray-1 115kW）、应用软件（“银河-Ⅰ”80 类 299 模块，Cray-1 41 类 82 模块）、平均无故障时间（“银河-Ⅰ”441 小时，Cray-1 152 小时）等指标都实现了全面的超越。

同样是“Cray-1”问世的 1982 年，Cray 公司工程师 Steven Chen 设计了双处理器和四处理器的超级计算机 Cray X-MP。

“银河-Ⅰ”研制成功后不久，国际上每秒亿次的巨型机就开始向中国出口，且降价幅度达到 50%以上，远低于“银河-Ⅰ”的造价，这也使得“银河-Ⅰ”仅生产出售了三台，就再也无人问津。

这时，计算的需求从每秒亿次上升到了每秒 10 亿次，国家气象局需要实现中长期天气预报的计算，可这个时候的“银河-Ⅰ”还不能满足每秒 10 亿次的计算能力，国家气象局不得不去采购国外的超级计算机，但是，又受到了“巴统”的阻拦。

什么是“巴统”？巴统的全称是Coordinating Committee for Multilateral Export Controls，1948年由美国发起，联合英国、法国、德国、意大利、丹麦、挪威、荷兰、比利时、卢森堡等国，于1949年成立，总部设在巴黎，其宗旨是执行对社会主义国家的禁运政策，包括军备、尖端技术产品和战略产品等。虽然“巴统”于1994年4月1日正式宣告解散，然而它所制定的禁运物品列表后来被瓦森纳协定所继承，并延续至今。

此情此景，1986年6月，“银河-Ⅱ”“应运”启动。“银河-Ⅱ”的设计要满足四个要求：第一，主要面向气象、石油、核能研究与航空航天等大型科学计算、工程计算与大规模数据处理；第二，要加强系统软件功能，提供有交互能力、入网功能的多处理机操作系统；第三，大力加强I/O能力；第四，与用户密切合作，支持用户简历应用系统、开发应用软件。可以看出，“银河-Ⅱ”的建设已经由计算本身开始向应用和用户的转变，而有人也形象地将“银河-Ⅱ”建设方案会议称为“超算通向市场的桥梁”。

看看超算的发展过程，我们愈发能够感受到算力作为“国之重器”的重要性。20世纪八九十年代，国际对中国大型计算机实行禁运政策，中国不许购买。中国石油工业部物探局辗转几道，终于买到了一台IBM大型机。后来就有了“玻璃房子”事件，激励了一代科研人员。1983年12月，由国防科技大学研发的“银河-Ⅰ”研制成功。这是中国第一台每秒运算1亿次以上的计算机——纵然仅为美国机器20世纪70年代的速度，但仍然是中国超算演进史中的里程碑，“银河-Ⅰ”还参加了国庆检阅。

银河Ⅱ、Ⅲ、Ⅳ号在1994年到2000年间相继面世，算力提升到每秒1万亿次。中国也因此成为少数能发布5至7天中期数值天气预报的国家之一。中国科学院计算技术研究所也在1992年开始研制“曙光”系列，“曙光一号”是中国首款基于通用微处理器的并行计算机。2010年，国防科技大学研发出“天河一号”升级版“天河一号A”，中国也首次登上了全球超级计算机前500名的榜首，但优势转瞬即逝——8个月之后，擂主之位被日本拿下。

3年后，中国的科学家用实力回击。“天河二号”于2013年称霸榜首，并于接下来的三年里蝉联六次冠军。天河系列是首次采用GPU加速的超级计算机。GPU长于并行运算，配合上擅长逻辑运算的CPU，大大提升了性能。被打下来的美国超级计算机“泰坦（Titan)”，只当了7个月冠军。2015年，美国商务部宣布对中国四家超算单位禁售处理器芯片。“天河二号”使用的是英特尔的CPU和众核处理器。断供让中国超算成了无米之炊，但这也激发了中国自研，最终来了一记反杀。

“神威·太湖之光”于次年面世，此后实现了“四连冠”。它配备超4万个中国自主研发的“申威26010”众核处理器，采用了64位自主申威指令系统，速度比“天河二号”快两倍。同年，高性能领域的最高成就“戈登·贝尔”奖，颁给了“神威·太湖之光”运行的全球大气非静力云分辨模拟应用。2013—2017年，中国占据了超算巅峰5年，成为该领域一颗耀眼的新星。

在美国和日本，超算已经普遍进入汽车、飞机、航天、电影甚至零售行业，细至如何包装薯片，都在利用超算模拟解决。而在中国，超算的普及与推广才刚刚开始。“最快”的超级计算机变得越发昂贵，动辄数亿美元，只能由公共财政资助。当国家在支撑着银河、天河、神威等中国超算“登天”的同时，产业界也在推动超算“下凡”，让更多的企业享受到、更能享受起超算这种尖端技术带来的红利。

并行计算，“1024 只鸡打败了两头健壮的牛”

“如果你要耕田，你会选两头强壮的牛还是 1024 只鸡？”

这里先卖个关子。

就在整个超算界热火朝天的时候，整个计算行业迎来技术革命带来的深刻变革，而这个关键的技术变革，就是我们大家今天耳熟能详的“并行计算”。

什么是并行计算？简言之，就是用并发的形式来完成计算的任务。落到计算机的体系中来，就是原来需要像流水线一样串行执行的一条条指令，我们将它们尽可能地解耦开来，将能够在同一时间一起完成的任务提取出来，用并行的方式提升原来流水线式的计算效率。这种并行方式最大的特点就是，一旦我们可以将任务分解成一个个并行的任务，它们就可以被分发到一个个相对独立的计算单元上去，从而大大减轻对于单个计算单元算力的依赖。如果做个类比来看，在并行计算出现之前，人们只能用强壮的牛来完成一切工作，而有了并行计算，人们发现原来弱不禁风的鸡团结在一起，也可以完成耕田的工作了。当然这个思想看起来实在是难以接受的，在当时连克雷本人都不相信这个结论。

20 世纪 80 年代，许多公司开始探索使用大规模并行处理（MPP）技术，实现一台计算机中使用多个处理器。MPP 技术降低了超级计算机的建造成本，新一代技术浪潮正在席卷，但克雷却不愿接受这种新技术，反而再次沉迷于用砷化镓造出更快的向量处理器。他曾讽刺道：“如果你要耕田，你会选两头强壮的牛还是 1024 只鸡？”

不是所有人都和克雷有同样的想法，比如 Thinking Machines。这家公司的创始人 Hills 是 MIT（麻省理工学院）的博士，研究方向是大规模并行计算架构。他在 1983 年成立了这家公司，希望把学术成果转化为一类叫作连接机器（Connection Machine）的超级计算机。

这里打个岔，是不是感觉这家公司的名字似曾相识？是的，我们在前文已经提到，这家公司就是由人工智能泰斗马文·明斯基创立的。人工智能算力对于超算算力设计可谓功不可没。

我们在前面介绍了 IBM 的 Thinking Machine 和克雷研究所的竞争，以及并行计算领域的纷争，建造最快的计算机，是当时很多人的执念。而随着冷战结束与新技术的出现，“两头强壮的牛”最终输给了“1024只鸡”。

巅峰之后，克雷研究所急速进入下坡路，经历了破产、被收购等变故，命运多舛却顽强坚持，直至今日依然是超级计算机领域的巨头之一。克雷后来又创建了新公司 SRC，开始研发大规模并行计算，可惜明天和意外不知道哪个先到来，项目启动后不久，他就在车祸中丧生了。一个时代随之结束。

Thinking Machine 也好景不长。1991 年，DARPA 和美国能源部都因舆论压力而减少采购他们的产品，收紧的政策更令最强的 Connection Machine 出口无门。1992 年，公司开始亏钱，CEO 下台。到了 1994 年，公司破产，而后便被巨头收购了。

此时，自主发展的中国超算算力也敏锐地捕捉到了“并行计算”这一革命性的技术转折。1988 年，在“银河-Ⅱ”的软件设计上，并行算法第一次被引用到了巨型机技术领域，并成功突破了从向量算法向并行算法的重大转变突破，建立起了拥有 60 多万程序的庞大软件系统，有效增强了巨型机单位时间信息吞吐量，将并行加速比提高到 9 倍多，不仅突破了“银河-Ⅱ”的应用瓶颈，而且有效推动了并行算法在全国的应用。

1991 年 2 月，“银河-Ⅱ”小系统硬件调试完成，次年 5 月成功将小系统扩展至全机。1991 年 8 月，全系统软硬件调试完毕。“银河-Ⅱ”主机，是中国首台 4 个高性能向量中央处理机共享主存耦合系统，运算速度达到了每秒 10 亿次以上。借助着“银河-Ⅱ”的算力，中国算出一天的天气预报仅需要 413 秒，而当时的预期是 1100 秒，可以说是圆满超额完成了既定任务。

后来，“银河-Ⅱ”继续大显神威。“银河-Ⅱ”完成了 1994 年 6 月长江流域特大洪灾期间的天气预报测算，国务院据此做出了不炸堤分洪的决策；同年 9 月，“银河-Ⅱ”准确预报了南太平洋第 17 号台风的强度和登陆点，浙江省有关部门紧急做好了相关防灾应急工作，把台风带来的损失降到了最低。

经过一次次事实的检验，计算对于生产生活的影响已经愈发巨大，计算领域也成了世界大国新的角斗场。而隐藏在计算背后的大规模并行技术（MPP）则成了整个计算界的“定海神针”。

1994 年 3 月，中国正式启动了“银河-Ⅲ”100 亿次巨型机的研发，但这时候巨型机所处的技术环境发生了根本性的变化。从 20 世纪 80 年代末 90 年代初，64 位高性能微处理器纷纷问世，过去“银河-Ⅰ”和“银河-Ⅱ”的计算能力，被轻而易举地装到一个小小的芯片里面了，个人计算机的兴起让曾经高不可攀的科学计算出现在了每个人的桌面上。

但需要注意的是，尽管高性能芯片的出现给巨型机带来了冲击，但它们却是不能取代巨型机的，同时也为下一代巨型机的研发带来了重大利好：如何将这么多高性能的芯片组合起来用并行的方式来解决重大科学问题成了行业聚焦，而大规模并行处理技术（MPP）则使得这个并行梦想成为可能。

在此背景下，“银河-Ⅲ”果断放弃已经驾轻就熟的MP技术路线，而是前瞻性地选择了当时鲜有人迹的MPP技术路线，蹚开了一条新路。

这意味着“银河-Ⅲ”需要解决两大难题：第一个就是MPP巨型机的理论峰值与用户实际得到的性能差距较大，使用率低，甚至连30%都不到；第二个是MPP的编程模式与传统计算机差异大，用户编程困难。可以说，这两个问题每个都需要在各种计算、网络、存储等主流技术上进行突破，这都是系统性的工程难题。

经过了3年的攻坚克难，“银河-Ⅲ”终于在香港回归之际，为祖国献上了一份厚礼：1997年6月19日，“银河-Ⅲ”通过了国家鉴定委员会的最终评审。

这个厚礼不但标志着中国具有了每秒百亿次计算的能力，更是实现了技术的跃迁：从中小规模集成电路发展到大规模集成电路，从完全购置芯片转变为自主设计ASIC大规模集成电路芯片，从专用批处理操作系统演变为开放式操作系统Unix，从独立巨型机拓展为以巨型机为核心的网络计算机系统，从大功率电源系统缩减为小功率电源系统……“银河-Ⅲ”比“银河-Ⅱ”计算速度提高了10倍，体积却只有其1/6，当时国际MPP巨型机实际计算性能一般为峰值计算性能的20%～30%，而“银河-Ⅲ”达到了70%。

在MPP总体技术突破后的几十年里，世界超级计算机技术蓬勃发展，美、日等传统超级计算机强国的技术进步突飞猛进，欧洲诸国的超算事业也蒸蒸日上。国际超级计算机俱乐部急剧扩大。Cray-T3E、IBM的SP2、SGI的Origin、NASA的“NAS2000”、日本横滨的“地球模拟器”、日本政府使用的“NEC”等，可谓百花齐放。而到了20世纪末，超级计算机在科技进步中发挥的作用越来越大，高性能计算开始与科学理论、科学实验一起成为“支撑现代科技大厦三大支柱”。

在此背景下，德国曼海姆大学（UMA）的汉斯、埃里克教授于1993年发起并开始实施超级计算机国际前500名排名，尽管是个民间自发组织的活动，却受到了世界舆论的广泛关注，并成为世界大国“秀肌肉”的大平台，成为这个圈的“奥斯卡奖”。

并行计算时代真正来临了。

中国于1989年12月成立了国家智能计算机研究开发中心，继研制完成“曙光一号”“曙光1000”后，又成功推出了“曙光2000 Ⅰ”“曙光2000 Ⅱ”“曙光3000”等系列的高性能计算机系统。

1996年，中国成立国家并行计算机工程技术研究中心，于1999年推出运算速度达到每秒3840亿次的“神威-Ⅰ”，2007年推出运算速度达到每秒18万亿次的“神威-Ⅱ”，2010年推出了中国第一台全部采用国产CPU、运算速度达到每秒1100万亿次的“神威-Ⅲ”。

21世纪初，中国企业纷纷加盟超级计算机产业，推出了“深腾”系列超级计算机。2002年的“深腾1800”系统，实测性能超过每秒万亿次，实际运算速度在国际前500名中排名第24位。

异构计算，破局“高大难”的创新之举

遗憾的是，并行计算也遇到了瓶颈。而这个瓶颈的显著标志，就是单芯片性能提升受到制备工艺限制而大大放缓。也就是说，要想提高超

算的整体性能，只能依赖于加大系统规模，但在系统性能突破每秒千万亿次后，就会出现一系列难以逾越的瓶颈：如体积，超算将有几个足球场那么大；如功耗，需要为超算建设专门的发电站，才能满足它的功耗。

以 NEC 的“地球模拟器”为例，它的峰值性能达到了 35.86 TFLOPS，一度抢占了国际 TOP500 的第一名，但却采用了 5120 个定制向量处理器，功耗达到 12MW，机房有四层楼。随着体积急剧膨胀、功耗迅猛攀升，还出现了并行算法设计困难、通信存储带宽不足、运行维护成本大大增加、系统可靠性差、安全性能低等种种问题。

那么什么样的体系结构可以破除超大规模并行超算面临的“高大难”（功耗高、体积大、技术实现难）的窘境呢？“异构”计算所使用的融合体系结构技术成了破局技术。

所谓异构计算，就是在计算节点中包含两种以上类型的处理器。一种是传统的通用处理器（CPU），用来处理常规任务，另一种是专用定制处理器，用来处理特定算法。这种专用处理器经过特别设计，进行特定计算的时候性能非常高，可以大大提升计算节点的整体性能。

2008 年 6 月 18 日，IBM 采用该技术成功研制出了第一台峰值速度每秒 1.38 千万亿次计算的机器，并将其命名为“走鹃”。它由 6480 个 AMD 的 Opteron 处理器和 12960 个 IBM 的 CELL 处理器构成，其中 CELL 处理器就是一种专用处理器。“走鹃”不仅大幅提高了单个计算节点的性能，还大大降低了功耗。

而中国在 2008 年底，也大胆作出了使用 CPU＋GPU 的异构融合体系结构方案来冲刺每秒 1000 万亿次的跨越式目标。而在当时，CPU＋GPU 的技术方案用于超算领域，还是世界首创，因为 GPU 虽然用于图像处理的时候速度惊人，但让它与CPU放在一块用于科学计算，其计算效能就只能达到20%左右了。

如何突破这个难题？只有做好软件优化了。只有从软件层面攻克MPP巨型机的I/O能力与计算能力均衡的技术难题，深入研究分布式主存并行机制，做好用户级通信优化协议，才能够真正提升GPU的科学计算效率。经过接近一年的奋战，GPU计算效能跃升至70%以上，达到了世界最高水平。

与此同时，一系列针对GPU的世界首创技术也被纷纷攻克，为了保证GPU的稳定性而实现的降频技术，为了保证数据流传输效率而设计的网络通信“立交桥”——正交互联技术等全部告捷。在2009年，中国第一台每秒千万亿次超级计算机研制成功，中国也成为世界上第一个掌握了CPU+GPU异构融合体系结构技术、第二个研制出每秒千万亿次超级计算机的国家。而这台机器，被命名为“天河一号”。

在2009年11月18日的TOP500排行上，“天河一号”取得了世界第五的成绩，排名第一的是美国Cray的“美洲虎”。当时“美洲虎”的峰值速度达到了每秒2331万亿次、实测性能达到每秒1759万亿次。

而几乎是同时，“天河一号”二期的启动会也召开了，定下了每秒4700万亿次算力的目标。经过了仅一年的研发时间，使用了自主设计网络架构，自主设计通用CPU的“天河一号”峰值速度提升2.89倍达到4700万亿次，持续速度提升3.55倍达到每秒2566万亿次，取得了2010年11月TOP500的世界第一名的成绩。

2011年6月，TOP500新榜单榜首由日本研制并安装于本国理化研究所的超级计算机“京”占据，2012年6月与11月，美国的超级计算机“红彬”“泰坦”又再次登顶。在起起伏伏的超算榜单上，变化的是第一名的名字，不变的是超算算力的五大核心要素：体系结构、互联技术、操作系统、微处理器及应用软件。

2011 年 1 月，“天河二号”每秒亿亿次超算项目启动，经过两年半的研发，中国在 2013 年 6 月的前 500 名中再次登顶。其峰值速度达到每秒 54.9 千万亿次，持续计算速度达到每秒 33.86 千万亿次，较“天河一号”计算性能提升 10 倍以上，耗电量却只有它的 1/3。

可以看到，在并行计算和异构计算两大核心技术的加持之下，超算整体算力取得了指数级的增长，但依然是供不应求的。以中国为例，到 2004 年的时候，中国国家超算中心应用就已经完全达到了饱和状态，相关计算需求以每年 10％～20％的速度增长，随着数字化进程不断提升，现在更是已经达到了 20％～30％的增长速度。技术可行了，如何降低超算成本，真正推动超算的商业化进程，实际上也是这一路来科学家和工程师探寻的焦点。

超算“平民化”

纵观超算发展历史，由于其所服务的领域往往涉及重大科研领域，政府角色比较突出，来自政府的资助成为重要的资金来源。超算的战略核心地位与高投入、高难度、高风险的矛盾如何调和？应用紧迫与用户落地难的问题如何稳妥解决？这里面都离不开政府强有力的引导。

世界上第一台真正实现科学计算的计算机投资者，是美国空军；美国第一台全晶体管计算机投资方是美国专司战略武器研究与管理的国家能源部；1956 年启动的每秒 10 万次超算研制经费，也是美国国家能源部买单；“超算之父”打造的 Cray 系列超算投资方是阿拉莫斯实验室。实际上，美国每一代计算机的研制资金都是政府投入巨资研制开发的。

那么如何才能降低超算成本呢？实际上无论是并行计算，还是异构计算，都为将相对廉价的计算单元组合起来形成一个强大的计算系统铺平了道路。“超级计算机之父”西摩·克雷曾说过：“可以造出一个速度快的CPU，却很难造出一个速度快的系统。”一堆最快的CPU攒出的系统，和一堆廉价CPU攒出的系统，性能差异要远比想象中的少。

当克雷由于错误地选择了在向量计算上一条路走到黑的路线，美国超算界陷入了内耗，而这时候拥抱并行计算的日本超算开始了崛起。NEC、富士和日立等企业继承了克雷的遗志，建造出了基于向量处理器的超级计算机。

NEC生产的SX-3/44R有四个处理器，成了1990年全球最快的超级计算机。1994年到1996年，富士的Numerical Wind Tunnel是全球最快的超级计算机，一共用了166张向量处理器，每张卡每秒能做17亿次浮点运算。日立的SR2201也在1996年凭借2048块用高速3D交错式网络连接的处理器，实现了每秒6000亿次浮点运算的峰值。

克雷的消逝，让日本在超算领域一枝独秀，美国能源部坐不住了，随后美国将超算上升为国家战略。以ASCI（Accelerated Strategic Computing Initiative）——一个专门处理核武器模拟的计划——拨款支持IBM和英特尔全球首台T（Teraflops，每秒万亿次浮点运算）级别的超级计算机。20世纪最顶尖的超级计算机ASCI Red，在国家力量的支持下诞生了。

1996年，IBM推出ASCI Red。它用了超过6000张200 MHz频率的奔腾处理器，突破每秒万亿级运算的大关。之后很多年，它都还是全球最快与最可靠的超级计算机。ASCI Red验证了集群的路径，也让超级计算机未来的方向与市场更为了然。全球超算TOP500榜单于1993

年建立，而后每半年更新一次，为超级计算机供应商和客户提供了标准，也展现了高性能计算更清晰的发展路线。

除了商业企业，美国国家航空航天局 NASA 组建了一支缺钱的外包队伍，其中有 Don Becker 和 Thomas Sterling 等成员，正在用一大堆通用商业硬件捣鼓着他们的“超级计算器”——16 块 286DX 处理器，加一条 10 兆带宽的以太网网线组成的 Beowulf 集群。

这个外包团队自己也没想到，他们建立的看起来有点简陋的 Beowulf 集群，就是今天最主流、最广泛使用的超级计算机设计——Linux 高性能计算集群。当然，今天的 Beowulf 集群都是用 IB 网络、千兆级带宽等高速网络连接，数万个处理器在大规模分布式并行程序调度下有条不紊地配合，并用 SAN、NAS 和并行文件系统进行存储。

这种“通用硬件＋通用操作系统”的思路，打破了原有的 MPP 超级计算机的单独定制门槛，让“堆机器”成了新玩法——只要设备够多，用手机也能联出一台超级计算机。在旁边“吃瓜”的英特尔觉得这个想法不错，加上英特尔之前造出过一台 MIMD（多指令多数据）机器 Intel Paragon，那还是 1993 年最快的机子——MIMD＋Beowulf 集群说不定能创造出非常便宜的超级计算机，而且还不用定制的向量处理器。沿着这个路子，后来的英特尔成为垄断超算芯片的霸主，而原本高不可攀的超算，则由于技术的加持变得“平民化”起来，平民化的计算单元开始用于超算，商业化的计算机公司开始制造超算。

第五节　多种多样的算力

除了图形图像算力、低精度的人工智能算力、高精度的超级计算算力以外，我们实际上还需要更为多样的计算解决方案来提供更为多元化的算力供给，以满足日益丰富且复杂的计算场景。

如果用一棵树来比喻的话，通用算力好比是计算大树的树干，是整个计算体系的主心骨，低精度算力及高精度算力好比是大树的枝干，支撑起不同大类的算力供给需求，而面向多元化应用场景的新型算力则是树叶，填补了计算大树的供给空白。只有一棵枝繁叶茂的计算大树，才能够支撑起复杂多元的算力需求。

计算的枝繁叶茂

算力大树最主要的叶子，可以统一叫作边缘计算。顾名思义，靠近应用场景的计算都处在计算系统的边缘，而边缘计算所提供的算力，就是既能够满足多元化的应用场景需求，又能够统筹计算大树主干、树枝和树叶之间关系的体系化解决方案。

从技术角度来看，边缘计算是一种分布式运算的架构，据维基百科的定义，边缘计算是将应用程序、数据资料与服务的运算，由网络中心节点移往网络逻辑上的边缘节点来处理。边缘运算将原本完全由中心节点处理大型服务加以分解，切割成更小与更容易管理的部分分散到边缘节点去处理。边缘节点更接近于用户终端设备，可以加快资料的处理与发送速度，减少延迟。

最早的边缘计算的技术思路，可以追溯到 1998 年 Akamai 公司提出的内容分发网络（Content Delivery Network，CDN）。CDN 的出发点，就是将用户的访问指向最近的缓存服务器上，以此降低网络拥塞，提高用户访问响应速度和命中率。2009 年，美国卡内基梅隆大学计算机系教授、美国计算机学会和电气电子工程学会院士 Mahadev SATY-

ANARAYANAN 等人提出了 Cloudlet 微云的概念，将云服务器上的功能下行至边缘服务器，以减少带宽和时延。2011 年，边缘计算这个词开始频频出现。边缘计算的出现，也是跟云计算市场的发展壮大有着直接关系。

根据云计算的技术特性，云服务难免会被高延迟、网络稳定等客观条件“拖后腿”，边缘计算恰恰可以通过靠近用户或数据收集点的位置，来解决部分或者全部的应用处理，大大减少在云中心模式下，过于“中心化”所带来的影响。边缘计算靠近设备侧，具有快速反应的能力，但缺点是，不能应付大量计算及存储的场合。

每个人都有手受伤的经历，不管是被刺到，还是被烫到，人们都能立即感觉到疼痛，而且能够马上做出避开风险的应变反应，这个过程非常快。如果疼痛反馈到人的大脑，再进行避险，那整个过程就会拉长，手可能在这个过程中受伤更严重。而人用了一种更快速反应的机制——脊髓取代大脑作出了快速的决策。这个决策的过程，类似于边缘计算和云计算的关系。

简单来理解，边缘计算的优势在于，可以低延时响应，还能够低带宽运行，而且采取数据本地采集、本地分析、本地处理的方式，减少了数据暴露在公共网络的机会，有效地保护了数据隐私。

基于边缘计算的这些特性，受益于边缘计算就近处理能力的应用，都是边缘计算发挥作用的地方。例如，远程医疗、采集公共设施（水力、煤气、电力、设施管理）数据的物联网解决方案、智慧城市、智慧道路和远程安全保障应用，都适用边缘计算。

在行进的自动驾驶汽车中，即使几毫秒的延迟，也可能导致交通事故和灾难性的损失。所以，边缘计算也适用于自动驾驶，自动驾驶汽车需要立即对不断变化的道路状况做出反应，等待来自远程云服务器分析数据的指令或建议时，显然风险太大。

由“电子”到“量子”，另外一棵计算的“巨无霸”

实际上，本书到此为止介绍的算力的基础都是基于电子的物理特性来实现的。如果类比到上文提到的“计算大树”模型，它的根是电子。但随着物理学的不断进步，人们发现了比电子更小的量子，随后又惊喜地发现量子的物理特性，这一发现产生了颠覆性的计算效能提升。

量子计算区别于其他计算的落脚点首先是在“量子”上，量子是指系统用来计算输出的量子力学。在物理学中，量子是所有物理特性的最小离散单元。它通常指原子或亚原子粒子（如电子、中微子和光子）的属性。

因为量子计算已经把颗粒度聚焦到了量子级别，所以，量子计算中的基本信息单位，就变成了量子比特。量子比特在量子计算中发挥的作用与比特在传统计算中发挥的作用相似，但它们的行为方式却大相径庭。比特是二进制，普通的计算机单元一次只能处理一个数据，称之为1个比特，但量子比特可以存放所有可能状态的叠加，可以简单认为，量子计算可以同时处理多个数据，从而使处理速度大大提升。

与我们目前正在使用的计算机相比，量子计算机仍然是通用图灵机，只不过是用量子力学规律重新诠释的通用图灵机。按照图灵提出的可计算问题来看，量子计算机仍然只能解决计算机所能解决的问题，但是从计算效率上，由于量子力学叠加性的存在，量子计算机能达到前所未有的高速。如果把半导体比喻成单一乐器，量子计算机就像交响乐团，一次运算可以处理多种不同状况。

量子计算机的想法，其实是伴随 20 世纪 60 年代计算机的发展出现的，研究量子计算机的初衷是探索通用计算机的计算极限。最初是物理学家、发明家斯蒂芬·威斯纳在 1969 年提出“基于量子力学的计算设备”。20 世纪 80 年代，一系列的研究使得量子计算机的理论变得丰富起来。1982 年，理论物理学家理查德·费曼提出利用量子体系实现通用计算的想法。1985 年，大卫·杜斯提出了量子图灵机模型。

2019 年 10 月，谷歌制造的一台“悬铃木”（Sycamore）量子计算机，第一个实现了“量子优越性”。2020 年 12 月 4 日，中国科学技术大学潘建伟团队与中国科学院上海微系统所、国家并行计算机工程技术研究中心合作，构建了 76 个光子的量子计算原型机——“九章”，求解数学算法高斯玻色取样只需 200 秒，这一突破使我国成为全球第二个实现“量子优越性”的国家。

实际上，量子计算是不同于电子计算的一套崭新的计算体系，但现在来看，量子计算的“大树”仍然处于萌芽期，距离以电子为根的电子算力“大树”还具有相当远的差距，但不排除量子计算后来居上，最终将远远超过电子计算“大树”高度的算力。

培育算力“大树”

如同大树的枝繁叶茂，需要树根、树干、树枝、树叶的各司其职和紧密配合一样，算力的“大树”也需要通用计算、专用计算、新型计算间的统筹规划和紧密配合，只有管好算力的“大树”，才能够保证算力稳定的多元化供给。

实际上，前面我们所提到的对于整个超算算力产生深刻影响的技术转折点，对于整个算力的制造业也是一样的。只不过是超算比一般算力要走得超前一些，而一般算力的发展路径，简言之就是在走超算曾经走过的路，但并不是完全抄袭。由于算力服务对象的不同，一般算力相比超算更需要为使用者打造一个良好的开发及应用环境，因此相对于超算的核心技术，一般算力的关键突破点还需要异构计算和虚拟化技术。

异构计算面向相对更广泛的领域，需要平台化的支持。异构计算的关键点主要有两个，第一就是要实现底层不同硬件之间的协同，第二是对上要形成平台化的能力。对于第一点要求来看，性能是最主要的衡量目标，而对于第二点要求来看，易用性是非常核心的衡量目标。

从本质上来讲，异构计算是一种特殊形式的并行和分布式计算，它能同时支持单指令多数据流 SIMD（Single Instruction Multiple Data）和多指令多数据 MIMD（Multiple Instruction Multiple Data）的单个独立计算机或由高速网络互联的一组独立计算机来完成计算任务。异构计算能够协调使用性能、结构各异的机器以满足不同的计算需求，并使运行的程序以最大总体性能的方式来执行，其所追求的最终目标就是使计算任务的执行时间最短。

那么，一个典型的异构计算应该具有怎样的要素呢？

首先，就是所使用的计算资源具有不同类型的计算能力。而这就包括通用指令、SIMD、MIMD、专用算法加速设备等擅长不同计算的底层计算资源。其次，就是需要识别计算任务中子任务的并行性所匹配的计算资源类型，同时需要协调不同计算类型计算资源的运行。最后，既要考虑到程序中的并行性，也要统筹程序中的异构性，追求计算资源所具有的计算类型与计算资源所执行的任务特性之间的匹配程度。

人们为了满足不同应用场景所需的算力，构建出的计算资源类型越来越多元化，典型的计算资源包括了通用微处理器（CPU）、数字信号处理器（DSP）、图形处理单元（GPU）、硬件可编程器件（FPGA）及专用加速芯片（ASIC）等。这些资源的不同组合可以构建种类繁多的异构计算环境。如何实现兼容这些异构计算环境的上层软件框架，可以相对容易地将软件任务映射到异构加速设备上，以及如何基于异构计算框架的异构并行编程，都面临着非常大的挑战。

CPU＋GPU的异构计算是最为成熟的计算场景，而第一次把该架构应用于算力领域的是天河巨型机，并取得了当年第一名的好成绩。2009年，国防科技大学研发出了国内首台千万亿次巨型机，其峰值性能为1206万亿次，其随后研发的二期系统TH-1A，其峰值性能为4700万亿次，Linpack实测性能为2566万亿次，在2010年11月全球超算500强中位列第一名。在这个系统中，每个计算节点由两个CPU和一块GPU组成，其中CPU主要负责运行操作系统、管理系统资源及执行通用计算；GPU主要执行大规模并行计算。通过CPU和GPU的协作，计算节点可以有效加速许多典型的并行应用程序，如稀疏矩阵计算程序等。实际上，天河巨型机通过CPU＋GPU的异构，第一次从工程上证明了GPU可以应用于超算。由于CPU＋GPU的异构计算架构能耗低、成本低、集成度高，因此国际上很快就掀起了一股异构超级计算机的热潮。

异构计算的结构主要是主机CPU＋加速设备，与CPU同构系统相比，CPU＋的异构加速系统需要由两个以上的计算系统协同完成工作，而两个系统之间交互的损耗是不得不付出的代价。总体来看，异构计算的性能主要受到三个方面的制约：主机侧软件可加速部分的占比、主机和加速设备之间数据交互的时间，以及实际的异构加速相比于主机软件执行的加速比。

针对以上问题，该如何解决呢？首先是主机侧，进一步挖掘主机侧的程序并行性，进一步提升可加速部分的系统占比（请读者回顾阿姆达尔定律内容）；充分利用主机侧运行时的空闲等待时间，将其用于其他计算。其次是主机和加速设备之间。应该采用以 PCIe 等为主的高效总线提高数据交互频率，确保每次交互的数据尽可能多，尽可能减少交互频次，以此来摊薄单位数据延时，同时还可以考虑通过硬件级的缓存一致性来进一步提升数据交互的性能。最后是提升异构加速比方面，可以通过提升单位计算的复杂度提升加速比，也可以通过任务流水线的并行时间、多个计算单元空间并行来提升异构计算性能。

相比于同构计算，异构计算虽然能够带来非常好的计算性能，但它却并不是那么好使用的。只有平台厂商把异构计算硬件平台通过一定的软件库封装成统一、用户编程友好、可提供强大开发支持的一整套解决方案，异构计算才能真正得到大范围的应用。当然，异构计算面临的挑战也是多重的。

如何把不同类型的计算资源纳入统一的异构计算体系下，屏蔽底层计算平台的异构细节，呈现一套相对标准的抽象计算平台，也就是说，如何有一个可以统一调度各个计算资源的平台，是首先要解决的问题。

数据是计算应该围绕的核心，如何实现更为高效的数据交互模型。在多核的同构 CPU 系统中，内存通常都是共享的，操作系统提供进程乃至线程间的数据交互机制已经非常成熟。而在异构计算场景下，不同的计算资源内存是相互独立的，不同计算资源之间通过显式的输入与输出来交互数据，而这种办法是相当复杂且低效的。

更难的是，异构资源的编程难度非常大。以 GPU 为例，其编程与 CPU 编程的范式完全不同，需要提炼程序的并行性，而 FPGA/ASIC

等则需要熟悉特定加速设备的控制接口和功能特征；另外，不同类型的计算资源如何统一到一个通用的编程接口，对上提供屏蔽底层不同逻辑细节的能力调用，也是亟待解决的难题。

“虚拟化”可能是计算机科学历史上最伟大的思想之一，对此，计算机先驱 David Wheeler 有一句名言：“All problems in computer science can be solved by another level of indirection，except for the problem of too many layers of indirection.”（计算机科学领域的任何问题都可以通过增加一个间接的中间层来解决，除非这个问题是由于太多中间层引起的。）这句话被尊称为“软件工程的基本定理”，并被“C＋＋之父”Bjarne Stroustrup 在专著 *The C＋＋ Programming Language* 的序言处引用。

“Another Level of Indirection”刻画出了“虚拟化”的精髓：通过引入一层新的抽象，把与上层应用无关的细节隐藏掉，有选择地给上层用户暴露一些功能供其使用，也称底层细节对用户透明，既不损害上层应用的功能，又能享受“关注点分离”（Separation of Concerns）的好处，增加其易用性。

可以说，虚拟化的案例无处不在，无往而不利。操作系统是对硬件资源的虚拟化：计算核心被虚拟化成进程；硬件内存变成虚拟内存；存储介质被虚拟化成文件系统；网络传输通过多层协议栈被虚拟化成文件描述符，使得数据传输就像读写普通的文件一样。分布式存储把通过网络互联多个单机文件系统虚拟化成的一个网络文件系统，使得用户不用再关心网络数据传输的细节，可以像访问本地文件一样访问其他节点上的数据。当然，虚拟化造就了今天伟大的云计算技术和市场，云原生如火如荼，开发者只需要基于云服务的 API 编程，而不需要关于 API 之下的物理细节，成本低，可靠性又高。

20世纪八九十年代，互联网繁荣最大的根本原因就在于个人计算机PC的兴起。个人计算机的兴起带动了整个产业链上下游的蓬勃发展，从CPU、内存、外设到网络、存储、应用等。个人计算机的广泛应用极大地提升了劳动生产率，特别是在连接企业、部门、员工情景下催生了对网络资源虚拟化、数据共享以及数据传输安全的强烈需求，一系列技术应运而生，如VPN（虚拟专网——在公共网络通道之上建立点对点的私密通信渠道）、分布式计算（个人计算机发展在本质上就是让多台个人计算机协同计算来实现原来只有大型机、小型机可以完成的任务）。

虚拟化技术早在20世纪60年代就已经在大型机上出现。1965年，克里斯托弗·斯特雷奇（Christopher Strachey）发表了一篇论文，论文中正式提出了“虚拟化”的概念。不过由于当时技术的限制，虚拟化始终只是一个概念和对未来的畅想，云计算就更谈不上了。

随着个人计算机的兴起，虚拟化得到真正广泛应用，个人计算机单机处理能力达到了需要通过虚拟化的方式来进一步提高个人计算机资源利用率的水平。

算力“丛林”

植树是为了育林，仅有一棵计算的大树难以满足数字世界所需的算力供给，只有构建起算力的“丛林”，才能够形成数字世界运转所需的算力生态。而这个丛林，就是算力基础设施。

基础设施是为社会生产和居民生活提供公共服务的物质工程设施，是用于保证国家或地区社会经济活动正常进行的公共服务系统。它是社会赖以生存发展的一般物质条件之一。

过去的基础设施是大家很容易理解的公路、铁路、邮电、供水供电、园林绿化等市政公用工程设施和公共生活服务设施等，而新型基础设施承载着现国家生态化、数字化、智能化、高速化、新旧动能转换的作用。

不管是过去的基础设施，还是新型基础设施，基础性、公共性和强外部性是基础设施所必备的属性。基础设施作为一种投资，既可以直接促进经济增长，又可以通过溢出效应间接地促进经济增长。新型基础设施作为整个数字经济的基石和支撑，有力促进了全领域数字化转型，为新型信息消费培育新模式；同时，新型基础设施大规模、适度超前部署，有助于形成强大的国内内需市场，为技术创新提供试验场，能够有效应对当前国际竞争格局，推动我国高科技产业持续发展和升级。

值得注意的是，不是所有新技术都能发展成为基础设施，只有通用目的的技术才有可能发展成为新型基础设施。算力基础设施恰恰具有这样的属性。

算力基础设施是以数据为载体，实现数据计算、交换、存储、挖掘、智能应用等功能的软硬件平台。数据中心是提供算力的空间物理基础设施。

现实中，数据中心包括自用数据中心及互联网数据中心（IDC），数据中心建设主体多样，建设运营模式丰富。其中，政府集中化政务数据中心、互联网数据中心主要面向公众或其他部门提供服务，更具有公共基础设施属性。

在成为基础设施之后，数据中心的意义陡然变成了为社会生产和生活提供公共服务，这对数据中心的建设思路提出了更高要求。数据中心建设既要想今天之所需，又要考虑明天之所需，基于“可持续”的发展要求，又要确保早期资产保护到位，这些都对数据中心顶层设计提出了高要求。新型基础设施所采用的技术是处于正在发展的技术，其通用性和互联互通也需要充分考虑。

就单体数据中心的建设而言，顶层设计的全局要贯穿标准化、模块化思路，数据中心开工建设前，就要站在顶层设计的高度上，做好统筹协调。这里的统筹不仅仅是指服务器、机架等设备，还包括底层基建、机柜、服务器、网络供应商、动力供应、电力供应等，发挥好效能，通过整体的协调和调配，发挥整体性优势，提高数据中心利用率。在同样的建筑面积条件下，同样用电量的情况下，提供更高密度、高效能的算力，让数据中心的价值最大化发挥。

落实可持续性、可扩展性则要依靠标准化、模块化。数据中心的建设有高度的重复性和可复制性，数据中心内部的服务器、机柜、网络供应等都有可复用性的特点，标准化的延续可以有效地解决扩展问题，并对既有资产加以利用。

京津冀、长三角、粤港澳大湾区、成渝等用户规模较大、应用需求强烈的地区，能耗指标限制了这些地区的数据中心建设，导致数据中心机架资源紧张。所以，这些地区的发展重点是统筹好城市自身和周边区域的数据中心布局，实现大规模算力部署与土地、用能、水、电等资源的协调可持续，优化数据中心供给结构，扩展算力增长空间，满足重大区域发展战略实施需要。

而在贵州、内蒙古、甘肃、宁夏等可再生能源丰富、气候适宜、数据中心绿色发展潜力较大的地区，机架利用率不高，这部分地区的重点则是提升算力服务品质和利用效率，充分发挥资源优势，夯实网络等基础保障，积极承接全国范围需后台加工、离线分析、存储备份等非实时的算力需求，打造面向全国的非实时性算力保障基地。

完善数据中心分区分类划分标准，结合业务需求，针对不同地区的社会、经济特点，差异优化数据中心的布局；加强通用云计算能力建设，推动实现跨云部署和混合云；提升云计算中心的智能计算支持能力，统筹构建大型人工智能计算设施；推进城市管理，以及行业性大数据设施建设，加强数据的采集、汇聚和处理，深化公共数据开放共享。这是算力基础设施布局初期先要完成的步骤。

当然，大型超大型数据中心分散建设也给网络架构带来了挑战，大范围优化布局，需要网络提供支撑。

因此，在接下来的算力基础设施建设步骤，就要把眼光放在加强边缘数据中心与云数据中心协同发展上；加强智能计算能力建设，初步实现云边算力的负荷分担和智能调度。最终构建云、网、边深度融合的算力网络，推进计算资源、存储资源及网络资源在云、网、边按需分配和灵活调度，实现算力设施与宽带网络优化匹配、有效协同；逐步打造适用于人工智能公共需求的异构算力平台。

第五章

算力与数字经济

当下的我们，对新冠肺炎疫情有了常态化认知，进出写字楼、公园、医院、超市、火车站、飞机场等都需要验证“通信行程卡”，“通信行程卡”已经成为新冠肺炎疫情常态化的通行证。这张通行证，其实更像是数字技术服务于实体经济的“通行证”。

2020年初的时候，新冠肺炎疫情来势汹汹，我们的工作、生活瞬间就被按下了“暂停键”，让工作、生活可以照常进行，尽快复工复产，成为一个朴素的目标。实现这个朴素的目标，首先要知道人的行程，判断一个人前14天是否到访过高风险地区，就是实现这个目标的大前提。攻克这个难题，证明复工复产人员的行程，就是“通信行程卡”诞生的初衷。由中国信息通信研究院牵头，与中国电信、中国移动、中国联通三大运营商共同推出的“通信行程卡”的服务，可为人们提供行程证明和新冠肺炎确诊患者密切接触提醒服务。

“通信行程卡”从最初用于解决复工复产的难题，逐渐成为新冠肺炎疫情常态化的标准配置，已经成为日常生活、工作、出行的必要证明。数字技术在支持抗击新冠肺炎疫情、恢复生产生活方面发挥的重要作用，让大家有了深刻的感受。

紧接着，在我们的工作、生活中，数字经济被按下了“快进键”。数字经济成为世界各国应对新冠肺炎疫情冲击、加快经济社会转型的重要选择。

不同于传统经济发展模式，数字经济作为一种经济增长范式，其对现代化经济体系的带动作用无须多言，需要注意的是，数字经济有其独特的发展特点。当然，现在的经济学整体看更像是工业经济学，数字经济学更像是现代经济学的下一代，而不是分支。

传统经济学讲的是规模效应，而数字经济的效应则被称作网络效应。规模效应是直线上升然后缓慢下降，呈现抛物线性发展，而网络效应则是规模呈网络化，表现出来的是指数级上升，辐射出的效应呈现网络化特征。

指数级的网络效应，带来的是组织边界的模糊，就像是我们在云计算中所讲的虚拟化，组织的运营也呈现出了虚拟化的特点。大家不用再在固定的办公室办公，可以在家办公，也可以在咖啡馆办公。办公的空间模糊了，上班的概念模糊了，就连员工的概念也不一样了。好比出行平台，一个出行平台集聚了大量的网约车司机，由这些司机为出行平台的终端用户提供服务，这些司机有为 A 平台提供服务的自由，也有为 B 平台提供服务的自由，他们不是任何平台的员工。

不管是网络效应，还是组织边界的模糊，数字经济都呈现出了对无形资产的重视。在过去的 20 年里，品牌、设计、知识产权等这些趋于无形的资产，其价值得到了明显的提升。在过去的传统经济环境下，根本无法形成今天的品牌效应、IP（Intellectual Property，知识产权）价值，更不可能出现所谓的“知识经济”。与之相对应，人们对物理的投入在减少，不再追求拥有多少硬件、机械、土地等，并不是不需要这些资源，而是对这些资源的获取方式改变了、依赖程度降低了。

总而言之，数字经济对我们的思维方式、思维空间提出了新的要求。

第一节　算力是衡量数字经济的新指标

人类进入电气时代之后，发电量就成为各国、各地区衡量文明程度与经济发展水平的新指标。今天，全球各国把碳达峰、碳中和放到了至关重要的高度，与近些年工业发展需要用电都有着直接关系。曾经一度，用电需求被誉为经济的“风向标”，但近年来，用电量与经济走势出现了背离。

在全社会的用电量中，绝大部分的用电量都属于生产用电，这也是用电量被视为经济“风向标”的原因。传统经济目标下，用电量表现和经济情况的表现较为一致。但近年来，用电量和经济情况二者持续背离，特别是 2016 年以来，用电量和经济情况，尤其反映在用电量和 GDP 的对比上，背离趋势明显加剧，这也反映出了数字经济对经济结构的影响。

工业化率持续下降，工业用电的占比也随之回落，工业用电需求也在趋势性回落。与此同时，居民消费结构升级，居民用电量占比也随之大幅提升；另外，计算机、通信等信息技术与新能源汽车等新兴技术行业的用电比也迅速提升，对用电需求形成增量拉动；互联网带动的新兴服务业的兴起，在用电结构中也有所体现。

显然，电力指标已经不能成为衡量数字经济的核心指标。那么，衡量数字经济的指标是什么呢？毫无疑问，是算力。

数字经济的核心资源供给，就是算力。互联网、大数据、云计算、人工智能、区块链等数字技术的背后，都是计算。数字技术软硬件的背后，都是一个个的基本计算单元，算力是执行这些计算单元的最根本驱动力。

2021年6月，香港发生一起抢劫案，劫匪抢走的东西，不是钱，不是金子，而是芯片。2021年，“缺芯”成为全球关键词之一，芯片的重要性凸显出来，也从侧面反映出计算的重要性。

在数字经济时代，互联网、大数据、云计算、人工智能、区块链等数字技术会渗透到工作、生活、生产的各个方面，来助力生产效率的提升，而这些新技术的背后，是算力在支撑着它们的实现和应用。

据中国信息通信研究院、IDC、Gartner、世界银行的数据显示，算力对数字经济和GDP的发展有显著的带动作用。2016—2020年期间，全球算力规模平均每年增长30%，数字经济规模和GDP每年分别增长5%和2.4%。全球各国算力规模与经济发展水平密切相关，经济发展水平越高，算力规模越大。算力规模排名前20的国家中有17个是全球排名前20的经济体，并且前4名对应排名一致（见图5—1）。

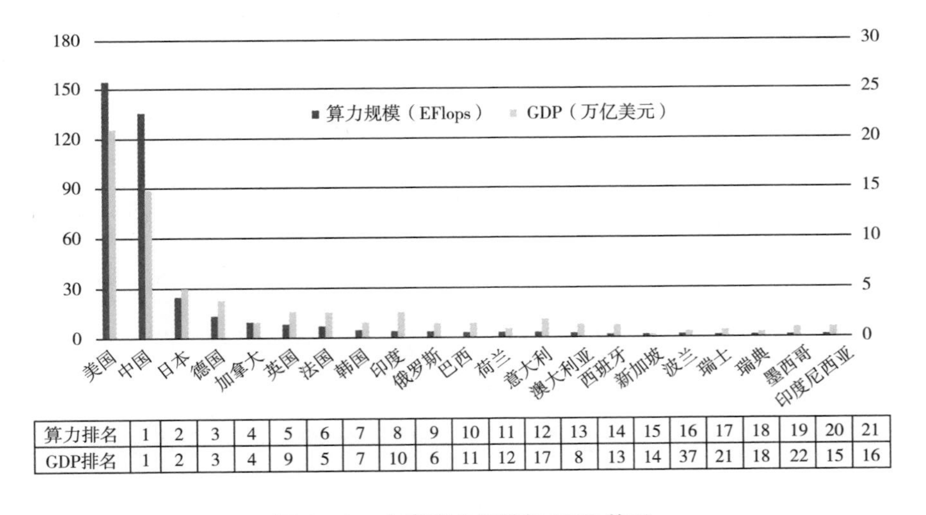

算力排名	1	2	3	4	5	6	7	8	9	10	11	12	13	14	15	16	17	18	19	20	21
GDP排名	1	2	3	4	9	5	7	10	6	11	12	17	8	13	14	37	21	18	22	15	16

图5—1 全球算力规模与GDP关系

来源：中国信息通信研究院、IDC、Gartner、世界银行。

2016—2020年期间，中国算力规模平均每增长42%，数字经济规模就会增长16%，GDP相应增长8%，与全球相比，算力对数字经济和GDP增长的拉动作用更显著。

通过国家投入产出表模型计算，2020年以计算机为代表的算力产业规模达到2万亿元，直接带动经济总产出1.7万亿元，间接带动经济总产出6.3万亿元，即在算力产业中每投入1元，平均将带动3～4元的经济产出。其中，算力产业对电子元器件、计算机、材料、软件和信息技术服务等产业的直接拉动作用较大，直接带动经济产出高达1.5万亿元；在行业领域，算力的投入对制造业、互联网、金融等领域的经济产出带动作用较为明显（见图5—2）。

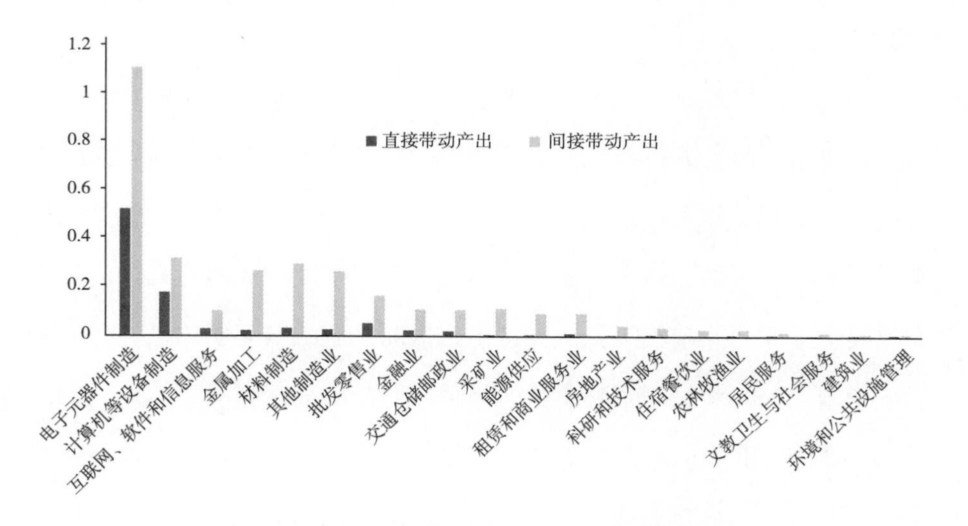

图5—2 我国算力投入与经济总产出的带动作用

同样，数字经济产生了多少的经济效益，最终都将会以消耗的算力相关资源作为评价依据来评估GDP附加值。

也许有人会说，数据很重要，为什么不是以数据使用量来作为数字经济的衡量指标？因为数据不如算力能更好地衡量数字经济规模，数据是可以反复使用的，具有复用性和通用性，没有稀缺性，不存在消耗问题，所以统计起来，数据用量更难确切和唯一。

数字经济的评价准绳，必须是数字经济每个环节都要依赖的动力引擎，且具有稀缺性、不可再生性，所以，衡量数字经济的新指标必将是也只能是算力。

第二节　算力创新的中国机遇

纵观以新技术为发展动因的四次工业革命，我们可以看到，人们始终在追求着更为便捷高效的生产生活方式，不断通过技术手段创新实现改造升级的方法。

工业制造发展到当前，已经到了 4.0 版本。工业 1.0 时代实现了机械化，机器代替了人拉肩扛，人们节省了体力，于是期望可以从大量重复性工作中解放出来；工业 2.0 时代实现了电气化与自动化，机器代替了重复劳动，人们节省了时间，于是期望更多生产线能够无缝协同、效率更高；工业 3.0 时代实现了信息化，机器创造了数字孪生世界，人们能够统筹操控，于是期望整个生产环节运转能够更加智能；于是我们迎来了现在的工业 4.0 时代。工业 4.0 时代实现了智能化，人们希望机器能够代替人脑，将整个生产环节全部交由机器负责。从工业 1.0 时代到工业 4.0 时代，能够满足新需求的技术也从单一的机械制造技术，逐渐演化到了由控制论、信息论、系统论等复杂技术理论体系组合才能够解决的技术集合。

从工业 1.0 时代到工业 4.0 时代的演进，可以梳理出，新需求主要分为两类：一类是原来没有，后来提出的创新性需求；另一类是原来已有，但随着应用范畴及规模的不断扩大而出现的普惠性需求。

创新性技术满足了创新性需求，但其仅仅解决了有无问题，并没有解决好坏问题。能够高效低成本地服务更多人才是更好的技术，这就对技术的普惠性提出了更高的要求。什么是普惠性技术呢？顾名思义，其首要特点就是人人都能用，人人用得起。

中国拥有全球最大的市场，大的市场意味着需求的多元化，需求的普遍性、海量的需求给中国市场带来了众多的机遇。不管是创新性需求，还是普惠性需求，都是中国创新前行的动力，对算力而言，也是如此。

突破摩尔定律瓶颈的中国路径

在电子计算机的几个发展阶段中，中国从最初的缺席，到逐渐开始参与中去，开始追随国际先进水平，再到今天，成为全球第二大算力规模的国家（数据来源：中国信息通信研究院、IDC、Gartner）。中国在算力产业中所扮演的角色越来越重要。

遗憾的是，中国在算力产业中的角色和地位的创新，是由强大的市场需求来推动的创新，是在产业链中下游的创新。中国在一些芯片关键技术、核心计算架构等基础性、核心性的产业链中上游的创新还很匮乏，短板还很明显。

同时，算力产业又是机会丛生的。

由摩尔定律所带来的一系列效应，都面临减速甚至失效，在这样的情况下，过去的发展经验不再适用于新的发展阶段，算力产业的技术创新进入深水区。不仅中国面临这样的困惑，全球都陷入混沌。在这样的环境下，全球相当于进入了一个新的竞争格局。

一方面，计算的基础理论体系，有的还适用，有的不再完全适用，甚至可能还会制约今后的技术发展，因此在基本的理论上，还有创新的机会。

另一方面，算力发展到今天，面临的是从单点计算，到算力网络的问题，是从星星点点，发展到星火燎原的问题，这中间的创新，一部分是技术上的创新，还有更重要的部分来自服务上和运营上的创新、工程上的突破、战略上的大智慧。中国在新型举国体制上的优势，很可能造就我们在这个阶段出现创新型的技术运营与服务模式，以此来辐射，持续释放出指数级效应。

中国在算力技术上的短板很清晰、明确，着力补齐短板，集中力量攻克一些特定的技术难题，也可能实现一些颠覆性创新。伴随着基础学科建设的不断增强，一些算力的技术问题，会随之水涨船高，互为助力，也会有新的突破。

摸索前行的路途中，最重要的是不怕试错，勇于创新，勇于挑战权威，中国特色社会主义道路自信、理论自信、制度自信、文化自信这“四个自信”，放之算力技术的突破上，也同样适用。

算力的新型举国体制：算力网络

2021 年 7 月，河南省遭遇特大洪涝灾害，多地通信基础设施被洪水破坏，导致多地与外界一度失联。受应急管理部紧急调派，“翼龙”应急救灾型无人机起飞前往河南，为当地架起“高空基站”，执行应急通信保障任务。无人机有 5 个小时滞空时间，定向恢复 50 平方千米的移动公网通信，覆盖 15000 平方千米的音视频通信网络，同时配合地面展开灾情侦察工作。

无人机上承载了15000平方千米的音视频通信网络，通信网络上负载的不仅仅是灾区打电话的通信需求，还带来了算力。对于大家而言，手机不只是用来打电话的，还要用手机付款，用手机查看地图，看通行情况，人们根本无法想象没有手机的生活。

无人机的背后，是数字技术的组合支撑，否则无人机就没有办法保质保量地完成任务。计算能力能够让无人机找准最佳施救位置，通过网络传输使无人机得以连接，指挥无人机完成操作。同时，无人机完成的应急通信保障任务，连接起的是通信网络和云计算服务，这背后是两张“网”。无人机很好地诠释了网络与算力的关系，算力和移动网络传输你中有我，我中有你，相互支撑。

这只是一个算力网络的应用缩影。新型基础设施建设，符合数字经济要求的基础设施，要先行一步来考量。

基础设施中为社会生产和居民生活提供公共服务的物质工程设施，是用于保证国家或地区社会经济活动正常进行的公共服务系统。它是社会赖以生存发展的一般物质条件。

过去的基础设施是大家很容易理解的公路、铁路、邮电、供水供电、园林绿化等市政公用工程设施和公共生活服务设施等，而新型基础设施承载着现代国家生态化、数字化、智能化、高速化和新旧动能转换的作用。

不管是过去的基础设施，还是新型基础设施，基础性、公共性、强外部性是基础设施所必备的首要属性。基础设施作为一种投资既可以直接促进经济增长，又可以通过溢出效应间接地促进经济增长。新型基础设施作为整个数字经济的基石和支撑，能够促进全领域数字化转型，为新型消费、信息消费培育新模式；同时，新型基础设施大规模、适度超前的部署，形成了强大的国内内需市场，为技术创新提供了试验场，能够有效应对当前国际竞争新格局，有力推动我国高科技产业持续发展和升级。

值得注意的是，不是所有的新技术都能发展成为基础设施，只有通用目的的新技术才有可能发展成为新型基础设施。算力基础设施恰恰具有这样的属性，通信网、电网和算力基础设施连接起来，实现“算力网络”，算力就真正成为广泛覆盖、普惠万家的基础设施。

算力网需要和通信网、电网综合考虑，算力的输出、输入借助于通信网，算力的生产离不开电网，算力、网络、电力统筹协调建设，是算力基础设施的先行性思考。算力网的中心将由原来以个人用户为核心的通信网络向以数据中心为核心的算力网络进行转移，而算力中心的设置也需要综合考量通信成本、电力成本、算力成本。

算力基础设施是为数字经济来先行“铺路”的，其中最需要的就是构建网络能力、计算能力甚至电力能力融合的网络。云计算和边缘计算都是数字基础设施的载体，就像是电力系统中的大、小电厂，它们是电力资源的载体，如果没有像电网那样有效、高能的网络与数字技术的消费者相连接，它们只能是孤立的数字技术资源。将孤立的数字技术资源变为协同的数字技术资源，就是算力网络。

算力网络的部署和建设，可以发挥“新型举国体制”的优势。

算力基础设施的建设和布局，可以兼顾政府和市场的资源配置方式，既要贯彻国家数字经济健康发展的意志，聚焦国家重大战略需求，又要维护和激发各类创新主体的活力，发挥市场在科技资源配置中的作用。

诚然，举全国之力并非适用于所有的科技领域，但算力网络涉及通信、电网以及算力网，可以为数字技术提供普遍性的赋能。算力网络需要大规模协作，国家意志和国家力量能够在算力网络的建设中，起到主导作用。

对于中国这样地大物博的国家来说，东部城市人口密集，经济发达，对计算的需求量大，但算力资源和电力资源都相对紧张。西部地区人口密度小，经济欠发达，不管是个人计算，还是企业计算，需求量都小很多，再加上气候、地理环境等优势，天然自带冷却系统，适宜数据中心建设，是算力基础设施的最优产地。

棘手的问题来了，最适合的算力产地没有迫切的算力需求，而有算力需求的地方，建算力基础设施的成本太高。

目前的算力基础设施建设存在很多问题，数据中心的建设还是以分散建设为主，总体能耗高，资源利用率偏低，出现了大量闲置浪费现象。此外，建设的技术标准不统一，缺乏区域互通，优势无法互补，算法、数据、应用等缺乏高效流通，价值无法得到最大程度的发挥，各区域协同调度有助于大幅提高算力利用率，推动国家能耗指标达成。

在算力成为基础设施的前提下，集中力量办大事，全国一体化算力网络是中国实现数字产业全球领先的基础，中国有条件建设一张安全领先的算力基础设施网络，国家一体化大数据中心已经开始规划算力布局。

国家发展改革委、国家互联网信息办公室、工业和信息化部、国家能源局于 2021 年 5 月印发了《全国一体化大数据中心协同创新体系算力枢纽实施方案》。该方案指出，要构建数据中心、云计算、大数据一体化的新型算力网络体系，促进数据要素流通应用，实现数据中心的绿色高质量发展。

基础设施既有公共性、基础性和外部性三大属性，同时又要有超前布局的理念。

在摩尔定律渐渐失去效能，人工智能的应用汹涌来袭的趋势下，从算力最捉襟见肘的人工智能算力基础设施入手，是推动算力基础设施平民化的一个路径选择。人工智能计算需求的高速增长，进一步催生了公共人工智能计算中心的快速发展，全球主要国家和领先企业普遍开展人工智能算力平台建设，提供人工智能应用所需的算力服务、数据服务和算法服务，高效支撑数据开放共享、智能生态建设、产业创新聚集。

作为因 AlphaGo 让世人见识到人工智能威力的公司，谷歌最早对人工智能应用进行投资。2016 年谷歌发布了 TPU AI 芯片，提供云、框架、芯片的全栈人工智能解决方案，围绕自用业务场景构建最佳性能，并通过云的方式对外提供 AI 云服务。微软成立 Cloud AI 部门，2019 年 7 月，微软宣布向人工智能研究实验室 OpenAI 投资 10 亿美元，构建 Azure AI 计算平台，用于训练和运行人工智能模型。

谷歌和微软兴建的人工智能计算基础设施来规模化地为用户提供人工智能服务，是他们很重要的公司战略。在中国，百度、腾讯、阿里巴巴等他们自己可以建设数据中心，他们的数据中心也承担着基础设施的角色，比如一些公有云的服务，就是在他们的数据中心上运行的。

除了企业自建数据中心为用户提供服务，政府主导建设算力基础设施，也是算力基础设施建设的一种建设思路。

在深圳，鹏城实验室和华为合力打造鹏城云脑 II，以云化方案打造人工智能计算中心，支撑粤港澳大湾区人工智能重大应用需求。在上海，上海“新一代人工智能计算与赋能平台”临港超算中心 2020 年动工，科技部指定的“智能视觉”国家新一代人工智能开放创新平台的商汤科技也参与其中。科技部授予"图像感知"国家新一代人工智能开放创新平台的旷视，参与了安徽芜湖、内蒙古林格尔新区等地建设人工智能算力平台，助力当地人工智能和大数据产业的聚集和发展。

2020 年，美国白宫科技政策办公室（OSTP）发布了《美国人工智能倡议首年年度报告》，对美国的人工智能计划提出了长期愿景。美联邦通过资源分配和储备来优先分配计算资源用于人工智能研究，并赋能相关行业应用。美国能源部与美国国立卫生研究院的国家癌症研究所合作提供了世界上最大的人工智能超级计算机，用于癌症研究。2018 年，德国就推出了国家级人工智能战略，并资助了一批高校建设人工智能计算中心。

这样做，可以解决一些人工智能应用需求方对算力资源的使用焦虑。中小企业或科研院所自建人工智能计算平台，面临算力不足、调优水平有限、不能充分发挥硬件效率等问题，自建带来的焦虑，让他们对人工智能望而却步。

政府主导的人工智能计算平台集约化建设，为中小企业或科研院所提供公共算力服务成为趋势，一方面充分利用集约土建、电力、运维的优势，降低总体建设和运维成本，另一方面可以以充沛的投资进行大规模的算力平台建设，承担人工智能领域的国家重大战略需求，人工智能的基础共性技术攻关、人工智能领域的前瞻性基础与算法研究、当地优势产业领域的人工智能核心技术研发及应用，人工智能高端人才培养等任务。

2020 年初，突如其来的新冠肺炎疫情，大家还都历历在目，武汉市政府经历了新冠肺炎疫情考验之后，深深感受到数字基础设施建设、科技创新的力量，其在武汉市的新冠肺炎疫情防控和复工复产中发挥了至关重要的基础保障和自治效能。比如，将海量多维度的监控数据、AI识别技术用于新冠肺炎疫情实时监测、交通管制和小区封控等工作，形成了线上线下精准防疫的闭环；建立武汉新冠肺炎疫情防控智能指挥系统，对境外输入、冷链物流、应急处置等实行精准指挥，实现了常态化精准新冠肺炎疫情防控；搭建了在线问诊、导诊、云上医院等多种服务平台，设立了免费义诊专区，极大缓解了人们到医院就医的压力。

人工智能计算中心可以为各个行业、各个产业赋能。一方面，人工智能可以带动人工智能产业本身的发展，包括人工智能相关的芯片，如核心软件、算法、数据集等。以此为基础，城市可以打造以人工智能为核心的新一代信息技术的产业园来推进整个新型技术产业发展。另一方面，人工智能作为一种基础设施，它可以用更加普惠的计算方式供我们相关的企业和单位来使用，从而促进人工智能在各行各业的应用，促进传统产业转型。

武汉是疫后获批的首个国家新一代人工智能创新发展实验区的城市，也是首个建设人工智能计算中心的城市。这个项目落户在武汉东湖新技术开发区东湖科学城起步区。项目依托华为 Atlas 900 AI 集群构建而成。AI 算力可以达到 100P，HPC 理论算力可以达到 4P，这个项目总投资 4.5 亿元，总用地面积大约 7500 平方米，建筑面积 2300 平方米。

依托人工智能计算中心，打造公共算力服务平台，应用创新孵化平台、产业聚合发展平台、科研创新和人才培养平台，一个由人工智能计算中心牵动的“一中心四平台”创新大幕就此拉开。

2021 年 5 月 31 日，武汉人工智能计算中心正式投入使用，以华为昇腾全栈基础软硬件为依托，由 Atlas 900 AI 集群组成的以 100P 算力为底座的新型算力基础设施登上历史舞台。2020 年 12 月 28 日项目进场施工，2021 年 5 月 31 日投入使用，武汉又复现了雷神山医院的建设奇迹。

武汉大学、武汉工控工业技术研究院、中国科学院自动化研究所等 20 多家算力用户入驻，可支持人工智能重大应用的模型训练及推理，自动驾驶、智慧城市、智慧医疗、智能交通等多场景全领域的应用和服务，都可以在此开展。

人工智能算力规模增长给行业智能化和生产生活效率带来显著提升，在这一点上，武汉走在了前面。在科研创新方面，武汉大学遥感领域人工智能研究，为重大科研任务提供技术、平台及应用支撑，建设中国遥感科研生态圈，同时在遥感整图分析和数据集极简读取和处理等方面实现重大技术突破。中国科学院自动化研究所多模态大模型研究，以国产化基础软硬件为支撑，打造全球首个多模态、百亿级参数、基于中文语料的预训练大模型，实现在跨模态检索、图像语义描述等高价值场景中的应用。在智慧零售领域，微晟科技引入昇腾 AI 技术，上线智能 AI 防损系统，为自助收银设备装上“智能之眼”。

在电力巡检领域，AI＋无人机搭载红外光电载荷，赋能电力智能巡检，普宙飞行器科技以无人机为基础，结合昇腾 AI 技术，综合完成智能化电力巡检作业，实现器件识别率 90％以上，缺陷识别率 80％以上。在智慧药房领域，库柏特依托昇腾 AI 技术和平台实现管理的智能化、精益化、流程化、无差错、无等待和无人化等。在智能制造领域，长江计算引入华为昇腾人工智能技术，助力装配车间提质增效。

人工智能计算中心建设已落入全国各大城市的重点布局和规划中，西安、许昌等城市也继深圳、武汉之后，相继建成人工智能计算中心并投入运营。这些人工智能计算中心，可以实现按照城市人工智能应用所需，实现硬件和软件的一体化，高效支撑人工智能开发，提升有效算力，不断优化人工智能算力效率。

同样，除了人工智能计算中心的建设，很多城市也在建设以及规划建设数据中心。随着全国各地数据中心建设的不断推进，接下来，会继续面临着需求与运营上的挑战。例如，不同区域算力使用存在波峰波谷，各地独立的数据中心无法实现跨域的动态调配；而且，全国的算力需求发展不均衡，不同区域有各自优势，各地独立的数据中心无法实现跨区域的联合科研和应用创新、资源互补；另外，各地独立的数据中心产生的 AI 模型、数据，难以实现全国范围内顺畅流动、交易，以产生更大的价值。

因此，催生了数据中心之间算力互联、资源共享、协同调度的需求，以实现资源的最优配置，削峰填谷，减排降耗，既有利于“双碳”目标的实现，也可以实现跨区域的重大科研创新，应用创新、跨区域的产业互补，数据要素的顺畅流动。

算力联网的部署，能够通过新技术将各地分布的数据中心节点连接起来，动态实时感知算力资源状态，进而实现统筹分配和调度计算任务，构成全国范围内感知、分配、调度算力的网络，在此基础上汇聚和共享算力、数据、算法资源，是一种多资源深度融合、释放算力赋能的新范式。

在算力网络的大目标下，数据中心的节点通过专线连接起来形成算力网络，连接各数据中心的算力，并形成协同的算力调度和运营系统，输送高可靠、可度量、通用化的算力、算法、数据资源，使能算力应用赋能。不同节点高速网络互联，实现跨节点之间的算力合理调度，资源弹性分配，从而提升各个数据中心的利用率，实现整体能耗的节省，后续可支持跨节点分布学习，为大模型的研究、应用提供超级算力。

政府和企业合作，有助于推进数据中心的公共数据开放，基于数据中心汇聚高质量的开源开放的数据集，促进数字应用的开发和行业落地。而采用节点互联标准、应用接口标准，有助于实现网络内大模型能力开放与应用创新成果共享，强化跨区域科研和产业协作，针对全国范围用户进行数字化应用创新，提供更多的资源选择和更便捷的合作方式，加速产业聚合，激活产业共融共生。

第三节　数字化转型中的普惠力量

数字经济大潮中的企业，它们迎头赶上数字经济的潮流，应该怎么做?

当然是数字化转型。企业就是要利用数字技术对经济发展的放大、叠加和倍增作用，把握住数字技术与实体经济的深度融合，积极投身产业转型升级中去。数字化转型就像每个企业、组织进入数字经济的一场考试。

我们恰恰处在刚刚进入数字经济的大门口，往前走，没有现成的经验可借鉴，只能迎头向前，就像我们已经习惯了电子支付，已经习惯了用手机支付，很难再用回现金一样，我们工作和生活中的很多环节已经在不知不觉中开启线上模式了，不可能再完全回到线下。

数字技术在这里，不用，是落后；用了，可能是把“双刃剑”；用好，需要智慧。

再回到我们开篇所讲的福特流水线的例子。福特生产线让生产效率提高了 8 倍，是那个年代的创举，实现了电气时代的电气化转型，这是那个时代的电气化转型明星案例。

福特用流水线实现了一种生产要素重构，人在工位上不动，而由人的劳动对象——零件流动，由此实现了一种流水线式的工作流程，从而实现了人的生产效率的大幅提升，流水线式的分工模式此后就被各行各业争相效仿，成为那个时代的工作方式，甚至影响至今。这是生产流程的变革，而这个变革是以电力的稳定供应为大前提的。

福特流水线生产，跟那时候的“电”是强相关的。人类社会从蒸汽时代过渡到电力时代的时候，我们首先要看到的是，电比蒸汽机时代提供的动力更加稳定，操控更精细，电力的供应可以延伸到车间更多的地方去。蒸汽机与控制机床如果距离比较远，那么，送去的动力就不稳定。电具有泛在性、稳定性，比蒸汽机的动力强得多，这就为福特的生产奠定了稳定的动力基础。

当下的企业要从当年电气化转型中获得启示。把电单纯当作动力，可以把船从人力船升级成电船，可以把人力自行车升级成电动自行车，这些改变，让我们感受到了动力效率的提升，但是，并没有改变其本质。

算力相比于电力，能提供更加精细化的赋能，有了强大的公共算力的支持，企业将不再被算力的局限所困扰，不再被纷繁复杂的新技术工具所困惑，而是思考如何面向新的基础设施带来的动力，再造企业流程。企业要把注意力用在如何用新技术转变自身的运营体系上，怎么利用新技术打造自己的产品体系和自己的管理架构，要用数字技术改变企业的运营模式，包括营销模式、研发模式、制造模式、服务模式、管理模式和决策模式等。

计算发展到今天，已经越来越成为一个复杂的技术，承担着技术基座性的作用。数字产业化是指把算力如何供给得更好，这是供给侧问题，是数字产业全行业的目标。不但要供给好，还要在这些算力基础设施的平台基础上，衍生出更为成熟、更为创新、更为互惠的崭新商业模式，使得中小企业能够以最小的开支享受算力的普惠红利，这是数字产业化前行的大原则。

人人都用得起是更重要的要求。这些投入了大量资源搭建的算力基础设施平台，其背后无论是技术投入，还是人力、资本投入，都是巨大的。让算力以更普惠、更便捷的方式提供出来，是行业应该做的，也是在不断创新、改进的。就好比云原生技术，企业要充分利用云服务的弹性和分布式等优势，快速开发，快速交付，高效运营，灵活使用。也就是说，数字行业的解决方案供应商在不断地提供类似云原生这样好用的工具。

算力支撑是企业在业务发展创新、生产效率提高、生产成本降低等方面的基础支撑。算力的支撑能力，能够协同打通企业业务部门的应用单元，开发价值链最短的业务应用，实现业务应用和数据的协同，支撑企业以客户为中心实现价值转化。但这并不是要鼓励企业自己把精力放在算力研究上。

企业要想的是，作为需求侧如何用好算力的问题，而不是制造出更强大的算力。或者说，企业的精力不应该集中在算力如何解决上，就像出现电的时候，企业应该考虑的是如何用好电，而不是如何自己去发电。

用好算力，迎上数字经济的步伐，用突破性的思维去考虑问题，才是自己的数字化转型之路。

第四节　算力与“双碳”目标

工业文明的演进，是社会经济发展的必然过程，而这个过程伴随着高强度的碳排放。气候变化对人类的生存和发展带来的严重影响，使世界各国逐渐提高了环境保护意识。

2020年9月22日，习近平主席在第七十五届联合国大会一般性辩论上提出，中国将提高国家自主贡献力度，采取更加有力的政策和措施，二氧化碳排放力争于2030年前达到峰值，努力争取2060年前实现碳中和。

碳达峰指的是碳排放进入平台期后，进入平稳下降阶段。碳中和，指企业、团体或个人测算在一定时间内，直接或间接产生的温室气体排放总量，通过植树造林、节能减排等形式，抵消自身产生的二氧化碳排放量，实现二氧化碳的“零排放”。也就是说，中国承诺的目标，是使二氧化碳排放在2030年前达到历史最高值，然后经历平台期进入持续下降的过程。2030年是二氧化碳由增转降的历史拐点，到2060年前，二氧化碳排放通过二氧化碳去除技术应用达到平衡。

纵观全球，中国是全球碳排放最多的国家，相比较而言，发达经济体早已开始进行碳排放控制工作，基本可以维持碳排放积累量保持稳定控制增长。中国、印度等发展中国家，经济起步晚，碳排放量在最近20年显著增长，不过，美国、欧盟、英国等碳排放累积量仍然处于世界前列。碳中和的目标是一个纵贯当下、过去以及未来的全过程，需要全球共同承担。

对于中国来说，实现“双碳”目标，任重道远。在碳达峰时期，我国要调整经济结构，从粗放型发展经济到完成新旧动能转换，优先发展数字经济，早日实现经济发展范式的转换。数字经济要遵循绿色低碳的目标来健康发展。

与发电企业、石油化工企业、钢铁企业、煤炭企业等能源行业相比，数字技术产业的碳排放量比较少，甚至部分企业属于绿色产业；数据中心、通信设施等基础设施是与算力息息相关的基础设施，属于数字技术产业中碳排放量比较大的环节，但从数字上来看，仍然不能算排放大户。来自国家能源局的数据显示，2020 年，中国数据中心和通信设施用电量为 2011 亿千瓦时，占中国全社会用电量的 2.7%。同时，它们的二氧化碳排放总量达 1.2 亿吨，相当于中国二氧化碳排放量的 1%。

尽管如此，数据中心是制造算力的基础设施，是数字技术产业中的“电老虎”，更是数字经济新型基础设施中的重中之重，对于数字技术产业自身而言，探索数据中心的绿色节能，是从自身出发的必要之路。

数据中心领域早就提出了 PUE 的概念。PUE（Power Usage Effectiveness，电能利用效率）是 TGG（The Green Grid，绿色网格）发布的一项用于评价数据中心能效的指标。PUE 在数值上等于数据中心总耗电与 IT 设备耗电的比值。在整个数据中心中，信息技术设备是对外提供服务的主体设备，是产生算力的源泉。PUE 值越小则表明数据中心 IT 设备能耗占比越大，有更多电能被用于产生算力资源。

提高数据中心效率、降低单个数据中心 PUE 有很多种普遍的做法，诸如坚持资源环境优先原则，充分考虑资源环境条件。数据中心应优先在能源相对富集、气候条件适宜、自然灾害较少的地区进行建设，提高数据中心能源利用效率。采用液冷、高压直流、微模块以及虚拟化、云计算等技术和方案，充分考虑动力环境系统与 IT 设备运行状态的精准适配，鼓励采用智能化系统和平台优化数据中心整体能效，持续降低数据中心 PUE。

放眼全中国“双碳”目标的实现，仅仅依靠单个数据中心的突破是远远不够的，应该把眼光放大到整个基础设施层面。

与算力相关的基础设施，除了数据中心，还有通信基础设施，以及电力基础设施，也就是我们在上一节中提到的算力网络。

电力网、通信网和算力进行整合，这是从电力的转换源头考虑碳排放问题，通信网和算力都离不开电，电力网是其他能源转换为电的源头，从电的源头就考虑到了能源转换为电、电转换为算力的全过程。

这三个层面的整体传输效率和转换效率，可以通盘进行考虑，不仅仅是源头的能源转换，还包括这其中的网络传递和输送效率，都要遵循减少碳排放的原则，充分考虑用什么样的传送、转换方式可以降低碳排放。

算力网络，不仅仅是未来的数字经济的新型基础设施，更是“双碳”目标下的绿色基础设施。

计算十九问

编写组：为什么计算变得如此重要，还要专门梳理出计算的发展脉络?

何宝宏：纵观人类发展史，人类的文明进化本身就是一个计算能力不断提升、进步的过程。因为人类很多的智力突破、很多的发明创造，从本质而言，是计算能力提升驱动的创新突破。没有电子计算机的人类时代，六七千年人类的文明史，其计算能力也在不断提升，只不过进步的速度与有电子计算机的时代不可比拟。

电子计算机出现之后，摩尔定律应运而生，在摩尔定律发挥效应的几十年里，算力呈指数级成长，带动人类社会、经济飞速进步。到今天，算力已经成了非常核心的一种竞争力，尤其是到了数字经济时代，消耗的核心资源就是算力，这就像工业时代消耗的核心资源是电力一样。

所以，要穿透算力本身纵看计算的发展，横向对应人类社会的文明脚步，从技术发展史来求解人类学，以技术史观来理解人类进步。

本书的现实意义是，通过剖析产业科技史，特别是数字经济的产业技术史，为接下来的数字经济的展开提供一些借鉴和思路，希望能对当下的产业发展有所帮助。

编写组：电子计算机的发展大致包含哪几个阶段？每个阶段的发展特点是什么?

何宝宏：电子计算机出现至今，虽然只有短短的几十年，但是从技术特点及其技术方向上来看，大致分成了五个发展阶段。

计算机刚刚出现的20世纪五六十年代，追求性能是计算机行业发展的核心任务。一个东西刚刚诞生的时候，各方面都比较差，计算机也不例外。计算机刚刚出现时，实现性能的提升是那时候计算机专家最重要的工作。提升计算机性能，这是计算机刚刚出现的第一个阶段的主要矛盾。

进入20世纪60年代后期，尤其是70年代之后，计算机的性能发展到一个新的阶段，计算机追求的目标出现了分化。

一方面，性能依然重要，持续的优化性能总是计算机所需要的，这也是计算机不懈追求的目标。于是，高性能计算机应运而生，成为性能追求极致的象征。

与此同时，计算机的使用场景渐渐增多之后，采购计算机的机构和企业也随之增多，用户量增长。用户多了，需求自然而然也就多了。有些场景下，计算机的性能已经能够满足用户需求，或者说，性能不是这些计算机应用的核心瓶颈了。对性能没有那么高要求的用户，产生了其他方面的需求，比如，计算机的尺寸能不能再小一点。

这个时期，计算机的重要任务，就是产品的多样化，从大型机、小型机、个人计算机，尺寸不断缩小，计算密度不断提升，计算机的适应性越来越强，让更多的人用上了计算机。

不仅仅是计算机本身，这个阶段同时是计算机行业的转型期。计算机硬件在发展，催生了数据库和操作系统，出现了软件荒，软件独立成为计算机的细分领域。这些迹象都表明了一个问题，计算机的应用场景有了新突破。在这个阶段，主要矛盾的主要方面从关心计算机性能的提升转变成了解计算机如何应用的问题。

第三个阶段，就是20世纪70年代到20世纪90年代，个人计算机快速实现了从问世到普及。计算机放到了个人桌面上，家用计算机应用突飞猛进，应用场景多了，大家又有了新的想法：计算机能否实现互相协作呢？随后，互联网出现了。当然，之前互联网的诞生和发展其实与个人计算机是没关系的，只是这时正好遇上了。

在互联网的互相协作过程中，又出现了新的问题。这个问题出现在了服务器侧，服务器之间的资源共享和协作变成了大问题，从应用的协作，下沉到了计算资源之间的协作，实现服务器侧的计算协同，这就是云计算。此时计算发展到了第四个阶段。

计算之间协作多了，大家就会对计算协作的密切程度提出更高要求。所以，当下努力的目标是把计算资源和服务基础设施化，从云计算到以云为核心的基础设施，让计算变成更普惠更大众的一种服务，为数字经济“铺路架桥”，这是当下正在发生的，也是计算的新阶段。

编写组：计算史只是一部关于计算机的历史吗？计算机在计算史的演进中扮演了怎样的角色？您认为推动计算史演进的原动力是什么？

何宝宏：过去几十年，计算所走过的历史，总结来看，大部分都是算力制造业，跟计算机本身和芯片制造息息相关。但要注意的是，计算行业并不能简单地理解为计算机制造，计算的每一步发展，说是“需求”驱动更确切。

航空业是一个行业，但不能说航空业就是制造飞机，航空业的建立是建立在飞机制造的基础之上的，这就跟算力（服务）不等同于计算机是一个道理。电信业也类似，会有制造商，更会有网络服务商。

计算机制造从对性能的追求，转变为对普适性的追求，没有经过太长的过程。超级计算机一开始风光无限，很快就受到了来自个人计算机的冲击，有了“1024 只鸡打败两头牛”的故事。这就是一个典型的应用场景击败了追求性能极致的例子。

其他行业也有类似的例子。比如，空客 A380 的出现，代表着空中客运的运力进入了一个新的阶段，可空客 A380 并没有被大规模采用，航空公司还是会更多地选择波音 737、波音 747 这些主流的机型，因为这些机型的宽度、长度与航道、机场、机库等航空业的硬件设施，以及航空的客运需求更相匹配。

每个人都熟悉的智能手机，在从手机进化到智能手机的进程中，手机发展成为计算终端，改变的动因不仅仅是计算和计算终端本身。随时随地能上网这样看似简单的需求，说到底还伴随着随时“有电”的需求。几乎所有的移动终端要靠电池来维持续航，移动互联网时代的主要问题不是出在 x86 架构性能上，核心问题是出在电池的续航能力上。电池成为移动互联网终端的核心制约因素，虽然电池一直在进步，但进步速度跟计算的进步速度严重不匹配。

此情此景下，这个制约因素就倒逼出移动终端的芯片以及配套软件一定要功耗低。手机首先要关心的就是省电问题，即电池的续航能力问题。在这个时候，强大的算力在电池的制约之下就只能“低头”，没有电，算力再强大也无法施展。用户可以接受性能差一点，但续航是不能太迁就的。矛盾的焦点从提升芯片的性能，转向了同等供电条件下的功耗问题。个人计算机基本不关心功耗的问题，但 PAD、手机这些带电池的移动终端却是最在乎的。x86 架构的手机如果只能运行 3 个小时，在可以续航一天的 Arm 架构面前，瞬间被秒杀。低功耗的软件、硬件、芯片在这个时刻大行其道，低功耗芯片登上了历史舞台，Arm 成为时代的选择。

编写组：纵观计算技术历史，有哪几次关键的技术点变革实现了质的飞跃？

何宝宏：有的发明创造，越是经过时间的检验，就越觉得其意义之伟大。

计算机从机械的设备，变成“电”的软硬件，这是一次很大的飞跃，这个意义伟大到今天可能我们都已经没有感觉了，大家都已经习惯于计算机是“电”的。电应用到计算领域，电子比机械速度更快，效率更高，计算进入电子时代是革命性的变化。

进入电子时代之后，从真空管到晶体管，又是质的飞跃。威廉·肖克利、约翰·巴丁和沃尔特·布拉顿研制出晶体管，这个发明被誉为20世纪的一项重大发明，是计算机领域里的一个基础性突破，最基础的计算资源供给问题得到了有效解决。在威廉·肖克利的举措的直接影响下，圣塔克拉拉谷成为“硅谷”。

随之而来的是由晶体管发展到集成电路，计算变得越来越复杂，计算机需要考虑架构问题了。之前的电子计算机现在来看是很简单的，简单到无须考虑计算架构问题。从集成电路之后，计算的发展进入了一个指数级发展阶段，摩尔定律也是在这个契机之下得以光芒四射。

计算一路向前，下一个比较大的变革，就是软件引发的革命，以操作系统为代表的软件走到了计算的舞台中央。计算起初是个硬件问题，怎么提高计算的性能，在这个时刻逐步翻转成怎么用好计算，摆在计算面前的挑战是软硬件问题。利用好计算，管理好计算，解决好这个问题的关键是软件，尤其是操作系统软件。即便是到了后来，有了互联网和云计算把计算相互连接起来，把应用连接起来，软件尤其是操作系统依然是核心。

除了这些大的变革，计算史中不乏还有一些小的技术点，有的恰逢其时，起到了推波助澜的作用；也有的技术是“时候未到”，“时候一到，一切都报”。

比如云计算，其实20世纪60年代计算刚刚起步的时候，就有了这个概念。但在那个条件下，云计算没有引起广泛注意，而手机迅猛发展起来，网络成熟了，云计算就迎头赶上了。

再看GPU，GPU早在20世纪70年代就出现了，用于图形处理加速，人工智能、机器学习也做了很多年，而把GPU和机器学习联系起来则是近些年的事，这与技术的发展阶段是紧密相关的。

最近元宇宙火热，元宇宙这个词可以追溯到30年前的科幻小说《雪崩》里，现在这个概念突然被追捧，说到底，是因为虚拟现实技术、增强现实技术和算力等技术组合日益成熟，元宇宙有了实现的可能。需要注意的是，人类一直就有创世情结，元宇宙只是数字版的“创世纪计划”，类似的思想和概念早已有之。

诸如此类的例子还有很多，“天时地利人和”放在技术的发展过程中，也同样适用。有的时候，需求已经有了，可技术达不到，做不出来；也有的是技术出现早，市场需求没出现。有的时候是需求在等技术，有的时候是技术在等需求。

编写组：能不能展开讲一讲元宇宙火爆的背后原因。

何宝宏：元宇宙的出现，其中有技术成熟度的因素，围绕元宇宙的基本技术已经趋于成熟、可用，让元宇宙可以呈现。另外，就是市场的需要。

元宇宙之前没有成为一种社会现象，而在这个时候出现并引起轩然大波，是恰逢其时。在新冠肺炎疫情的大背景下，虽然中国的新冠肺炎疫情时有反复，但生产生活已经趋于正常，但从全球来看，新冠肺炎疫情仍然困扰着许多国家和地区。大家的工作、生活还没有回到正轨，很多人还在被隔离，或者保持着社交距离，与社会的关联不像过往那样紧密，很多人在社交距离之下就产生了逃避的心态。

很多人都有过在家办公的经历，在办公室办公和在家办公，虽然都是办公，但周围有人和没人的感受是不同的。当我们被迫被隔离的时候，只能去虚拟世界中寻找自己的伙伴，这是一种被迫的选择。当然，因为疫情虚拟办公和在线生活多了，就会发现它们还不够好使，还没有走向融合，人们开始期待有一个更出色的虚拟世界。

现在世界正处于百年未有之大变局，这几年，全球对未来的预期趋于悲观，在悲观情绪影响下，在经济不景气的现实状态下，有的人选择逃避现实，把自己之前一部分的时间和精力分散到了虚拟世界。逃到虚拟世界里去，这是与整个社会的思潮有关系的，满足了很多人的心理需要。如果经济还如前些年一样繁荣，在繁荣中生存，生活、工作一片欣欣向荣，在现实世界中忙于奔波，也就无暇躲进虚拟世界中去了。

几千年来，温饱问题一直困扰着人类，直到今天，物质世界得到了前所未有的满足，温饱已经不再是“老大难”，人的物质需求基本得到了满足。特别是在一些发达国家，人们吃穿住行的问题已经得到了很好的保障，吃不饱、穿不暖的问题已经不再是困扰。古人说“饱暖思淫欲”，物质需求在得到极大满足的时候，一是会导致“三高”等一系列疾病，二是人还会有新的精神需要。人满足自己精神需要的方式有很多，有的人可能去研究科学技术问题，有的人想探索真实的宇宙，有的人可能就会想钻进元宇宙里。

编写组：计算机作为一种生产力工具，和其他的生产力工具相比，具有怎样的独特性?

何宝宏：传播学奠基人马歇尔·麦克卢汉认为，一切技术都是人的延伸，计算机是对人类大脑的延展，是人使用的一种生产计算、协助计算的工具。只不过，计算机作为工具，更智能一些，更易用。

身为协助大脑的工具，计算机相当于帮助大脑实现计算和记忆的功能。当然，按照这个功能来看，书也有类似的功能，书、文字也可以协助大脑完成存储记忆的功能。

跟人的大脑相比，计算机的优点很明显：计算能力强，记忆能力也强。在计算和记忆能力上，人的大脑就逊色一些，记性不好，经常会忘记东西，可这不一定是缺点。人的忘记能力其实是很强的，但计算机不具备忘记能力，计算机本来就是来协助人脑做存储和计算的，包括数据、结果，计算机都给记下来了，而且协助工作做得很出色。但有时该忘的没忘，也可能变成人的困扰。

人有记忆权，但往往被忽略的是，人还有遗忘权，注意，这是一种权利而不是缺点。记忆是人类大脑的基本功能，忘记也是人类大脑的基本功能，这是人类衍生出的一种忘记的能力。

“好了伤疤忘了疼”就是描述遗忘的积极影响的。除非在极端情况下，大多数人都认为自己有“一个快乐的童年”，认为小时候是美好的，其实是因为大多数人选择性地留下更多小时候的快乐时光，只保留自认为快乐的事情，这会让人更加积极向上，勇于创新和冒险。人脑是很聪明的，遗忘是人脑很伟大的一个记忆演化，不能让人总记得痛苦，不然就会过得很痛苦，就容易抑郁。现在一些人有些抑郁，技术上可能与无法“相忘于江湖”有关。

忘记权同时也是一种人类的低碳行为，忘记其实是减少资源消耗的行为。忘记一部分，才能腾出空去记忆、处理其他事情。

再回到计算机本身来看，既然计算机的记忆、计算能力很强，计算机就更应该“安守本分”。现在，我国已经开始实施《中华人民共和国个人信息保护法》，就是在正视隐私这个很重要的问题。计算机本来是来协助人类的，但计算机不能越界。

编写组：算力这个名词是在怎样的背景下产生的？应该如何理解算力这个词？

何宝宏：算力是驱动比特运动的能力。

用直白一些的话来说，算力就是表示计算的能力。“算力”这个词最早是为了评估超级计算机的计算和处理数据的能力而出现的，为的是“秀肌肉”。这几年，算力越来越走向大众，成为通用型的词汇。

从计算到算力，其实是一个把所有计算统一的过程。现在有各种各样的提供计算的方式，未来需要统一 API 接入，统一在网络上承载，统一服务接口，最终成为算力标准化体系，算力以算力网络的形式出现，像水和电一样，提供一致的标准化的算力服务。

在电发展成为电力之前，动力是各种各样的。比如，煤提供的动力是煤的，水提供的动力是水力，电成为动力之后，之前的所有动力最后统一转换成了电，形成了统一的电力，而且是全球统一标准的电力服务。电力并不是自然界原始的动力，都是由其他的力转化而来的，就像今天纷繁复杂的计算。

编写组：为什么说摩尔定律已死？

何宝宏：先从摩尔定律的由来入手，来看摩尔定律的发展。摩尔定律本身是从计算类芯片中总结出来的规律，后来又扩展到了相关的各种各样的领域，带宽的增长、存储等，泛指行业的指数级增长现象。

要注意的是，摩尔定律本质上不是物理学定律，而是一个人类工程方面的经验公式，只是被起了一个叫“定律”的名字，人为升级成为貌似是个定律。

如果说物理学定律是永恒的，但摩尔定律不具备这样的条件。摩尔定律不是真正的物理学定律，它注定会失效。天下没有永恒的指数级增长规律，或许在短期内可以实现，但从长期来看，任何东西都不可能保持指数级增长。病毒的繁衍呈指数级翻倍，长此以往，人类早就灭绝了，为什么人类的生命还在不断延续呢？就是因为这种指数级增长还有其他限制条件，不可持续。

摩尔定律发挥效用的时候，整个社会都享受着摩尔定律带来的红利，人类文明进入了一个新的发展阶段。

然而，这样的发展速度是有尽头的。最近十几年的时间里，全行业都不希望自己行业的发展速度放缓，齐心协力地为摩尔定律“续命”。遗憾的是，“续命”只是暂时的，人类必须要接受摩尔定律已经减速和即将失效的事实，这是由物理学决定了的。

编写组：摩尔定律那样的发展速度不能实现了，是不是就意味着创新难以延续？

何宝宏：摩尔定律和登纳德缩放比例定律如同一只“看不见的手”推动了半导体行业的发展，但是，不能只把芯片的发展当成一种推手，要站在更高的层面来看，摩尔定律其实是整个信息技术行业为之努力的目标。计算，包括带宽、存储等，都可以被认为是遵循摩尔定律的，而这种遵循，其实是在发展效率上遵循了摩尔定律的速度、进步效率。

这样的进步速度，往往会让人忽略停下来向后看的机会，发展效率在不及摩尔定律速度情况下，仍然是有其市场创新机会存在的。

如果把芯片对比发动机等动力引擎，就会发现，其实这些也是有相通之处的。火箭、太空站等高端航天领域需要强大的超级引擎来支撑，飞机、汽车的引擎相对就会降低一些要求。汽车引擎随着汽车行业的大众化也在慢慢降低门槛。除此之外，其实发动机无处不在，玩具需要发动机，一些普普通通的工具也需要发动机，这些产品的科技含量没有那么高。产品中的小发动机主要是对价格或尺寸敏感，便宜是王道，做出质优物美且便宜的发动机，用到更广的范围去，也是创新机会。

芯片也适用于这个逻辑。一颗小小的嵌入式芯片，放在智能家居领域，放在玩具上，放在物联网上，就可以带来计算的能力，从这个角度看，也同样有其创新空间。反之，如果盲目超越摩尔定律发展速度，市场需求不够，反而有可能被市场抛弃。

后摩尔定律时代，在并行软件、算法和专用芯片等方面，创新的空间依然很大。

在看待摩尔定律引发的创新问题上，要客观进行分析，有行业延缓的一面，但不能因此否定掉其他的市场机遇。

编写组：摩尔定律的失效，是否意味着芯片的发展进入了瓶颈期？未来计算芯片该如何演进？

何宝宏：恩格斯在《自然辩证法》中提出“发展的螺旋形式”，也就是螺旋式上升，指事物的发展或进步不是直线式上升，而是呈现前进性、曲折性、周期性，前进的道路是迂回曲折的，会出现向出发点回复的现象。对于计算技术发展，也同样呈现出螺旋式上升的特点。

起初芯片的发展是由专用芯片开始的，最初的计算机，以及后来的超级计算机、小型机都是采用的专用芯片。后来，英特尔公司想到了一个省时省力的办法，就是做通用芯片，大大减少了为每个客户单独开发芯片的成本和时间周期，把芯片的设计、制造等这些复杂的工作简化了，通用芯片成为主流。通用芯片适用性强、市场大，规模带来了成本优势，围绕通用芯片形成了一个生态圈，很容易吸引上下游的参与，让很多事情变得简单。

然而，摩尔定律尽显疲态的那一天，通用芯片的发展也陷入了瓶颈，计算性能进一步提升，性能的成长却不能再照搬过去的经验。更高性能场景需求下，通用芯片牺牲性能、增加冗余的缺点变得越来越不能被忍受。

在芯片发展的这个阶段，专用芯片重新走到了历史的聚光灯下，专用芯片能有重点地解决性能问题，只不过与通用芯片相比，因为不易带来规模效应，性价比差一些，但并不妨碍专用芯片再次得到了拥簇。

与之对应的是行业的变化。过去的很多年，行业都在一门心思发展通用算力，通用算力因摩尔定律的延缓，不能保持增长节奏的时候，在一些技术成熟、商业成熟的场景下，专用算力被分化出来。比如，人工智能应用场景多了，人工智能就从通用算力中摘取出来，行业中一部分人力、物力就分流出去研究人工智能专用算力，也就有了智算中心的说法。通用的算力中心不再能满足人工智能的应用诉求，人工智能这种应用需求量太大，消耗算力太多了，值得拥有专用算力。

但要注意，芯片做成专用，靠堆砌专用芯片的方式来解决性能提升问题并不是超越了摩尔定律，这个逻辑是不可取的。

编写组：计算的终极目标是什么？最终能为人类带来什么？

何宝宏：再引用一下马歇尔·麦克卢汉的观点，他认为“媒介是人体的延伸”，服装是皮肤的延伸，蒸汽机解放了四肢，人一直都在追求解放自己的大脑，来突破自己的脑力，所以，就有了对计算工具的需求。

回到人计算的初衷，从人类诞生伊始，记和算就有天然的需求，人要首先满足生存问题，要填饱肚子，自然而然地要记录自己每天吃多少食物，还要预测食物够不够明天、后天吃饱。那时候的预测，依据很简单，靠人就可以完成，很原始的靠预测事物的关切项，进行关联预测。

随着人的能力见长，预测的事情越来越多，逐渐依托于辅助工具，计算机恰恰是辅助人进行预测的，预测本身就是智能的一部分。

电子计算机出现以后，人对智能的期望一下就提升了，人寄希望于机器可以实现智能。如果把这个问题放到历史环境中考虑，图灵当年提出的“机器会思考吗?”就是对机器智能的一种向往，很有前瞻性。计算机出现之前的机器都是干活的，人让机器做什么，机器就做什么，机器实际上是在做执行工作。

智能从计算机出现，就是人想要让它实现的应用，其实更是计算机的终极应用，这才让脑力大解放成为可能。

编写组：蒸汽机时代，针对动力机械产生了统一的“马力”单位，电力时代，针对电力诞生了统一的“度”等单位。然而在计算时代，似乎仍然缺乏一个统一度量算力高低的单位。您认为，一个普适的算力单位会是怎样的?

何宝宏：算力和过去的机械动力和电力相比，产生和使用上的复杂性要大很多。

第二章中，我们提到了比特（bit）这个信息单位。比特是对信息的度量，只能从一个侧面对算力进行反映，不能算作度量算力的单位。算力其实是在单位时间内，能够处理比特的能力，只有在比特的基础上加上修饰词，才能算是一个全面的单位。

尽管算力只是一个词，但背后却是一套复杂的系统在支撑。如果想要对一个复杂系统进行量化分析的话，是一件非常困难的事情。好在人类在对于复杂系统的分析方面，已经确立了一个基本处理原则：复杂的系统一定是分层分级的。这个指导思想，对于同为复杂系统的计算系统同样适用。

因此，对于算力的定义和衡量，我们也必须分层分级地解析和量化，通过一个指标就去刻画整个算力系统的能力，目前来看，依然是一个可以做，但做出来难免挂一漏万的工作。

实际上，针对计算系统在不同层面的度量指标，业界已经达成了一定的共识。根据中国信息通信研究院发布的《中国算力发展指数白皮书》来看，算力实际上是由计算、存储、通信这三大块构成的，而计算又可以分为通用算力和高性能算力两个部分，通用算力的表达可以用 $CP=f$（通用算力，高性能算力，存储能力，网络能力）这个公式来表达，其中通用算力主要是衡量 CPU 的算力，高性能算力主要衡量 GPU 的算力，存储能力主要衡量存储介质的每秒数据吞吐量，网络能力则主要衡量网络能力的每秒数据吞吐量。

但实际上这个函数解剖来看，到底每个要素权重是什么，每个要素到底从哪个层面来统筹度量，其实是需要统筹学界及产业界共识的一项意义重大但困难重重的工作。

针对数据中心绿色化程度，业内的指标是 PUE，PUE 是 TGG（The Green Grid，绿色网格）发布的一项用于评价数据中心能效的指标。PUE 在数值上等于数据中心总耗电与 IT 设备耗电的比值。在整个数据中心中，信息技术设备是对外提供服务的主体设备，是产生算力的源泉。PUE 值越小则表明数据中心 IT 设备能耗占比越大，有更多电能被用于产生算力资源。

但有个突出问题就是，PUE 计算的只是比值，它并不能反映 IT 设备耗电量本身的大小，而实际上算效是和 IT 设备本身的耗电量息息相关的。假设一个数据中心 IT 耗电量为 100W，其中仅有 1W 被用作了有效计算，而其总耗电量为 120W，那么它的 PUE 就是 1.2，可以说是一个相当不错的数值了，但它真正的算效却是低得可怕的，只有 1%。

此外，衡量云计算能力有时候会采用 CPU 虚拟核数这个指标，但这也是挂一漏万的。它只是反映了通用算力水平，实际的网络能力、存储能力和计算能力是形成“木桶效应”的，一个短板就会制约整桶水的水位。

编写组：未来计算会出现什么样的新形态?

何宝宏：算力的发展在早期是由制造算力的制造者来主导，但逐渐的，主导权就移交到了服务商和用户手上，变成了由提供和使用算力服务的人来主导，这种趋势会在今后越来越明显。商业的诉求，特别是在算力变成以服务的方式提供服务之后，会变成一种新的发展模式。

与之对应，算力将来也会分化出更多的形态，有的是在网络的边缘端计算处理完，把结果传输到其他节点，就需要边缘计算；还有的场景下根本就不需要联网，只需要独立计算。日后，还会有更多种多样的算力的需求，也会应需求而产生多种多样的计算形态和异构化的算力供给。

计算本身是个抽象资源，使用算力的用户自身可能并不需要拥有计算资源，有的时候用户就只想要计算的结果，这个过程中，用户并不一定就需要算力资源的输送，或许直接回复给他需要的计算结果就可以了。

我们所提出的算力网络的目标，并不是传输算力，算力是无法传递的，真正传递的是用户的任务。“东数西算”工程，说的是把东部的数据和任务可以传递到西部去计算，因为不可能做“西算东送”。在最终用户决定的算力服务化的过程中，可能会出现多种多样的诉求，这也是未来算力的发展方向。诉求会导致产生分叉，算力也走向第二产业、第三产业的发展路径，行业的一部分资源专心去制造算力，成为算力背后的人。另外一部分提供算力的服务业，他们面向用户服务。

随着计算和工作、生活联系得越来越紧密，需要计算的场景越来越多，越来越复杂，对算力的要求也越来越多元化。

编写组：计算的能力和数字经济发展之间的关系是什么？

何宝宏：数字经济消耗的核心资源就是算力。

每个时代的发展，每种文明的进步，消耗的核心资源都不同。在工业时代，工业经济消耗的核心资源是电力，以电力的覆盖来渗透各行各业，引领各行各业的创新。曾经一度，发电量是衡量国家和地区文明程度的一种标志。在农业时代，有一句话叫“靠天吃饭”，这句话其实是农业时期的真实写照，农业生产消耗的核心资源是水。

今天的数字经济，可以用算力的消耗量来衡量数字经济发展的速度以及数字经济发展的水平，所以算力和数字经济是强相关的。

换言之，如果没有算力的支撑，数字经济本身就不存在了，也无法成立。数字经济的前提，就是依托于人造的算力。

编写组： 数据已经成为数字经济时代的核心生产要素，数据之大，也正在不断地刷新“大”的想象力，那么，在“大”数据之中，如何筛选出有用的数据呢？数据和算力之间又有怎样的关系呢？

何宝宏： 在数字经济里，不仅要有算力的概念，还要有数据意识，数据是算力的加工对象。

数据和算力是完全不同又有密切关系的两个概念，就好像汽车需要汽油作为动力，汽油则是从石油提取加工而来的。数据和算力也是这样的关系，数据就好比石油，当然也有很多和石油不一样的地方，但从价值角度来看，它们的确很相像。数据要通过计算来提取，才能变成有价值的数据要素。

大数据和人工智能是现在都比较常用的技术，大数据、人工智能应用给工作、生活带来很多的便利。不过，大家更要看到，大数据的海量数据需要强大的算力支撑，人工智能需要有海量的数据，也需要有强大的算力去处理它。

现在计算像数字经济的引擎、马达，是实现动力转换的，电输送过来需要转换成机械力，电本身转换成计算，成为算力，才能服务于数字经济。

编写组： 新技术从出现到大规模使用，需要经历一个相对较长的“孵化期”，对于算力技术来说，在成为基础设施大规模使用的过程中，会面临什么样的阻碍？

何宝宏：算力大规模推广使用是大势所趋，不能说会遇到阻碍，而是肯定会遇到一些问题，发展过程不会一帆风顺。说到底，目前最根本的问题还是算力太贵，很多人用不起，很多企业用不起，直接影响算力的普及。

算力要走向普惠，是整个行业为之努力的目标，努力做成最易于接受、廉价的公共计算，让算力成为基础设施。说到底，都是为了让更多人享受到计算带来的好处和价值，实现生产效率的提升。

现在大家还会把计算叫作“高科技”，为什么会被叫作高科技呢？还是因为贵。大家不会觉得电是高科技，因为电已经平民化了，用电成本也不再是高不可攀的。

过去没有电灯的时候，人们只能“日出而作，日落而息”。直到有了人造光源的出现，我们才能把夜晚的时间充分利用起来，进行阅读、赶路等，人的 24 小时突然就有被放大的感觉。而获取光明的成本，在人类文明史上也是逐渐递减的。公元前 1750 年，一个古巴比伦人，需要工作 50 小时才能换来一点油灯可用的芝麻油，而且油灯只能燃烧一个小时。17 世纪，一根蜡烛燃烧一个小时所花费的费用，需要一个英国人用 6 个小时的工作来换取。到了 17 世纪 80 年代，工作 15 分钟，所得的劳动报酬就可以换取一小时的煤油灯照明。到了 20 世纪末期，日光灯照明一小时的成本，仅相当于半秒钟的劳动所得。到了今天，已经很少有人会在意自己家每个月的电费是多少。

现代化的生活中，家电越来越多，种类可以用百花齐放来形容，而且在不断地突破想象力。人利用电来发明创造，因为这些基于电去做创新的人，不需要考虑电力的可获取性，更不需要考虑电是不是够稳定。如果算力能便宜到能让更多的人随时随地无感知地获取算力，用计算资源来实现自己的创新，才算完成了算力的普及。

现实的情况是，计算技术飞速进步，技术成本持续下降，但真正变成算力的成本可能还需要中间的价值转换，算力的成本不仅仅是技术，中间还涉及建设、运营和维护等，这些周边成本反而是不变，甚至是上涨的。

2021年颁布的《全国一体化大数据中心协同创新体系算力枢纽实施方案》，在全国层面去布局算力，东部需要处理的数据多，西部的能源充足（对应的是能够转换成算力的资源丰富），把东部的数据拿到西部去计算，战略上是合理的分配布局。但实施起来还有一些问题，诸如技术上的传输安全问题、计算的时延问题、网络问题，延伸来看，还涉及人才问题、市场问题等。有一些问题短期内可以解决，有一些问题需要一些时日才能解决。

编写组：技术的进步和共同富裕是相悖的吗？

何宝宏：“高科技”的言外之意，就是少数人才掌握的技能，少数人和多数人之间的鸿沟，表象就是贫富差距。科技是用来提高生产效率的手段，高科技出来以后，一定是让先掌握这种技能的人“先富起来”。创造了先进生产力的人，先掌握了先进生产力的人，就是那批先富起来的人，他们很容易成为这个时代的引领者。

但科技发展到一定阶段，开始向社会蔓延渗透的时候，贫富差距会逐步拉大，这是科技发展过程中所伴随的负面问题。或者说，科技拉大贫富差距是现在贫富差距大的一个重要原因。

实现共同富裕，一是要让科技更加普及，技术更加平民化，让科技惠及更多的老百姓，缩小数字鸿沟。二是要尽可能地保证公平，对科技做治理，比如反垄断等。

1996—2001 年的几年间，微软因反垄断诉讼精疲力竭，险些被拆分，比尔·盖茨也因无法忍受反垄断案的复杂和压力，于 2000 年 1 月被迫卸任 CEO，时年仅 44 岁。

20 年之后，比尔·盖茨 2020 年接受采访时，回忆起了自己当年的应对方式，认为自己“把事情看得太简单了，没有考虑到企业的成功会引起政府的关注。当你成为一个能够影响人们交往甚至成为政治沟通媒介的庞大公司时，你一定会被政府注意”。而那时的比尔·盖茨对自己说“嘿，我永远不去华盛顿”，实在是不太成熟。

作为一个二十几岁就成为世界首富的人，年轻气盛，光芒四射，比尔·盖茨在与政府的冲突中，一味强调自己“并没有做错什么”，那时候的他并没有意识到，同一件事可以有不同角度的解读、正面负面的复杂影响，也没有及时认识到与政府沟通、寻求共识的必要性。

时代赋予了一个人巨大的影响力和巨大财富的时候，历史同时赋予了这个人更大的重担，只有这样的人，才可以为人类作出更大贡献，承担时代所赋予的重担。与其说是重担，更不如说是一种责任，而且责任是推不掉的，因为只有这样的人才能发挥这样的影响力，这是时代的倒逼。如果没有这样去做，反而是阻碍了历史的进步。

贫富差距大了，是影响社会进步的，科技进步是为了造福全人类，但共同富裕同样是全人类福祉的一部分。

编写组： 数字技术的发展，同样需要坚持促进发展和监管规范，“两手抓，两手都要硬”。那么在新技术的推进过程中，对于传统的监管能力提出了怎样的新要求呢?

何宝宏：任何新技术的出现都会产生负面问题，数字经济发展过程中，必然还会出现各种各样的负面影响，可能是社会层面的，也可能是道德伦理方面的，诸如个人隐私保护、算法越界的问题。

争议比较大的“自动驾驶事故谁负责”的问题，就是典型的监管问题。在自动驾驶的情况下，如果出现危险情况，自动驾驶的安全算法是优先保护车里的人，还是车外的人？这个决策应该谁来做？因为是自动驾驶，作决策的看上去是汽车，而汽车的安全问题又是由汽车厂商的算法工程师来预设的。决定权就这样草草地交到了算法工程师手上。

但算法工程师和程序员应该承担这样的决定权吗？算法工程师和程序员负责的是对社会规则的实现，而不是具体规则的制定者，程序员是实现社会规则的，而不是制定社会规则的，他们不应该承担这样的责任。所以，算法越界了，他们所在的企业就越界了。

诚然，他们也不是故意越界的，因为没有这样的规则可遵循，法律是缺失的。明明没有规则，程序员又要去做实现，自然引发了伦理上的争议。这样的社会争论的出现，透过现象去看本质，其实是社会学家或伦理学家的“甩锅”行为，不是社会伦理学跟不上技术发展，而是远远落后于技术发展的产物。

自动驾驶只是一个突出的矛盾，大家在现实生活中，因为新技术的快速发展带来的如个人隐私等问题更是比比皆是。

人脸识别是现在最常见的一种人工智能应用之一，也是一种信息系统，其常作为“密码登录”“身份核验”的关键组件。人脸识别涉及“人脸”这一最为常见的个人敏感信息，可被用于分析关联出人的身份、年龄、喜好等，易被商业滥用、非法使用，存在明显的安全漏洞，已经被“黑灰产”持续关注和攻击。人脸识别的安全、合规涉及多个层面，是一项综合性的工程。

保护自己的“脸”安全，对大多用户来说，是无能为力的。此类问题也引起了各方的重视。目前，国家已出台的《民法典》《个人信息保护法》《网络安全法》《数据安全法》等法律、相关部分规章、司法解释等，对人脸识别使用过程中的安全、合规问题都有具体要求。

中国信息通信研究院云计算与大数据研究所牵头发起了“可信人脸应用守护计划”，以国家相关政策法规为指引，广泛联合社会各界深入研究人脸技术及应用带来的新风险，持续探索可信人脸应用范式，推动相关产业健康发展，促进人脸技术更好地服务社会大众。通过人工智能系统对规划、设计、开发、测试、部署、监测、持续验证、再评估、退役进行全生命周期管理，从过程上把控人工智能产品及服务的可信品质，把“可信”的标准贯穿人工智能全生命周期中。

类似像“护脸”这样的问题还有很多，如互联网新闻 App 中也有算法推荐问题，需要逐步地去规范化、标准化，这也是我们正在逐步开展的工作之一。

编写组：计算未来的发展将会进入怎样的新阶段？对社会将会提出怎样的新要求？算力作为一种新的生产力，对未来的人才培养带来什么样的需求？

何宝宏：计算的第一个时代也就是重大技术创新突破的年代，已经基本结束，计算的理论和技术上的重大技术创新已经基本完成，计算史上很难再出现像艾伦·麦席森·图灵、克劳德·香农和冯·诺依曼这样星光熠熠的人物。

毋庸置疑的是，算力再次站在了历史的重要转折点上。过去几十年，全球的创新是以计算技术作为引擎来拉动的。今天，算力需要创造出新的产业化路径、新的监管模式，而如何将其变成可靠、易用、廉价的公共基础设施，需要擅长运营的人站在这个行业的聚光灯下。

数字经济成为新的经济增长范式，算力起着关键作用。数字经济时代，迫切需要基础研究的支撑，技术和社会融合的研究被提上日程。数字经济学、数字管理学应该成为新的经济学、新的管理学，而不是照搬工业时代的管理、经济、社会理论。每次社会变革，都会产生伟大的理论和思想，由技术来维持、沿用。然而，时代的变革，需要管理、教育、思想跟上数字生产力的发展，需要有懂数字经济的政治家、经济学家、教育学家和社会学家等，这是这代人前进的方向。时代的核心动力已经发生了变化，配套要跟上。很多人把数字经济学当作经济学的一个分支，我是不赞成的，因为很多（工业）经济学的基本假设已经产生了动摇，更合适的称谓，套用技术行业的惯例，应该是“下一代经济学”。

具体到人才需求来看，过去的工业时代造就的是大量的工人；数字经济时代，同样需要蓝领，需要的是数字蓝领，这也是数字经济的重要部分。

后　记

当今世界正处在百年未有之大变局，数字经济创造的新机遇空前。数字经济作为继农业经济、工业经济之后的主要经济形态，是以数据资源为关键要素，以现代信息网络为主要载体，以信息通信技术融合应用、全要素数字化转型为重要推动力，促进公平与效率更加统一的新经济形态。

数字经济发展速度之快、辐射范围之广、影响程度之深前所未有，正推动生产方式、生活方式和治理方式深刻变革，成为重组全球要素资源、重塑全球经济结构、改变全球竞争格局的关键力量。机遇在眼前，把握住机遇，如脱胎换骨，助赢未来。但机遇又稍纵即逝，时代给予我们的发展窗口不容错过。

算力恰恰是在数字经济大潮中具有决定意义的力量之一，算力恰逢其时地呼应了时代需求，是时代创新必须要学会利用的底座资源，也是实现“双碳”目标的技术基石。当下，全国一体化算力网络国家枢纽节点作为国家又一项重要战略工程正稳步推进，“东数西算”新格局将有序形成。在此背景下，本书试图通过专业的视角和从古至今的梳理，将算力创新的价值意义呈现给广大读者。期待本书能够在数字经济与实体经济融合发展的进程中发挥积极作用。

感谢高飞、李想、周雅在本书撰写过程中的支持与协助。

编　者